广东石门台国家级自然保护区管理局
广州大学

石门台植物 2
PLANTS OF SHIMENTAI 2

主　编　李远球　黄林生　　副主编　方碧真　曾阳金　周锦元

SPM 南方出版传媒
广东科技出版社｜全国优秀出版社
·广　州·

图书在版编目（CIP）数据

石门台植物．2 / 李远球，黄林生主编．—广州：广东科技出版社，2020.3

ISBN 978-7-5359-7418-1

Ⅰ．①石…　Ⅱ．①李…　②黄…　Ⅲ．①自然保护区—植物志—英德　Ⅳ．①Q948.526.54

中国版本图书馆CIP数据核字（2020）第021347号

石门台植物2

Shimentai Zhiwu 2

出 版 人：朱文清

责任编辑：严　旻　黄　铸

封面设计：友间设计

责任校对：于强强　廖婷婷

责任印制：彭海波

出版发行：广东科技出版社

（广州市环市东路水荫路11号　邮政编码：510075）

销售热线：020-37592148 / 37607413

http：//www.gdstp.com.cn

E-mail：gdkjzbb@gdstp.com.cn（编务室）

经　　销：广东新华发行集团股份有限公司

印　　刷：广州市彩源印刷有限公司

（广州市黄埔区百合三路8号201栋　邮政编码：510700）

规　　格：889mm×1194mm　1/16　印张26.5　字数650千

版　　次：2020年3月第1版

2020年3月第1次印刷

定　　价：468.00元

石门台植物2

编 委 会

本书的出版承蒙
广东省科技计划公益研究与能力建设专项资金项目：
“广东珍稀濒危南药植物资源及部分道地药材溯源研究”
（2018B030320007）的大力支持。

锦潭管理站　天门沟瀑布

序 PERFACE

绿色植物是生态系统的初级生产者，在当今生态文明社会建设中具有举足轻重的地位。自然保护区是人类对生物多样性就地保护的主要场所，也是生物衍生繁殖、觅食的重要栖息地，拥有天然形成的动植物及微生物种类、自然的生态学演替进程。对自然保护区内生物多样性的直接监测、观察记录和调查研究，是了解生物生存状况最直接、有效的手段，摸清区内生物资源的情况，能为区域环境质量的提升和保护人类共同的家园提供理论依据和科学数据。

广东石门台国家级自然保护区位于南岭山脉以南，地理位置为东经113°05′00″～113°30′50″；北纬24°22′29″～24°30′41″，总面积33 555hm^2。地处北回归线北缘，属于南亚热带和中亚热带的过渡区域，植被类型多样，植物种类丰富，拥有野生高等植物种类271科998属2 471种。国家重点保护野生植物超过20种，其中老屋场的桫椤，船底顶的广东松、白豆杉等群落颇具特色。

2000年，以广东省人民代表大会《关于加快自然保护区建设步伐的决议》议案实施为标志，广东省率先在全国以省人民代表大会议案的形式推动自然保护区建设工作。值此契机，早在2000年国庆节期间，我就和石门台保护区“结缘”，后期在石门台最高峰船底顶考察的艰难登顶和野外宿营等困境均给我留下了深刻印象，至今记忆犹新。结合自己所主持的多项广东省自然科学基金项目、广东省科技计划项目，以及保护区的生物多样性监测项目、武广高铁客运专线生态评估项目等，先后和保护区工作人员合作发表了《广东石门台自然保护区广东松群落的基本特征》《广东石门台保护区船底顶猴头杜鹃群落生态学特征》《广东石门台保护区木龙顶广东松群落生态学特征》《广东石门台森林植被的优势种群及其年龄结构》《广东石门台自然保护区森林植被物种多样性》《广东英德石灰岩地区植物多样性研究》等研究论文，整理汇编了申报国家级保护区所需的植被、植物资源及植物多样性考察资料和文献资料，为保护区成功升级做出了积极贡献。

作为广州大学生命科学学院的野外动植物实习基地，石门台保护区承担过多年繁重的后勤保障工作，尤其是首次实施动植物野外实习从沙口黄洞转场到前进大草原和横石塘管理站时，保护区领导的关怀重视和工作人员为完成实习任务而付出的辛勤劳动，让师生们为之动容、永生难忘。15年后，我又来到沙口黄洞，那里的管护楼已修葺一新，植被则更为茂盛，睹物思人，怀念当年情景，让人感慨万分。

石门台保护区的领导及全体工作人员对保护区生物多样性的调查付出了艰苦的努力，成绩斐然，先后于2016年、2017年出版了《石门台植物1》和《广东石门台国家级自然保护区综合科学考察报告》。主编李远球工程师对植物的热爱、种类的鉴定和摄影技术的突破性进展，为本次出版的《石门台植物2》打下坚实基础。本书从近万幅清晰精美的有花果照片中，精选鉴定和编辑了种子植物600余种（2 300余幅照片），是《石门台植物1》的续集，但种类不重复，其中不少种类是原科考报告中未曾提及的，因而较大程度地丰富了本区的植物多样性，今后将有计划地继续出版蕨类植物等续集。本书的出版是石门台保护区今后开展植物多样性保护和监测工作的重要工具书，为保护区的可持续发展提供技术保障，并期望能为其他相关保护区的植物资源调查监测提供参考。欣闻书稿付梓，特撰数语为序！

广州大学生命科学学院

2019年5月28日

前言 PERFACE

广东石门台国家级自然保护区位于广东省英德市北部，属珠江三角洲与粤北山区的过渡地带，总面积33 555hm^2。由于未受到第四纪冰川的侵袭，保护区内密林莽莽，奇峰叠嶂，山涧瀑布错落其中，还保存有大面积的原生天然林，物种起源古老，成分复杂，数量丰富，森林覆盖率高达92.4%，素有“绿色明珠”之称。

说起石门台保护区，不得不提广东含笑这个明星物种，它是中国科学院华南植物园邢福武研究员带领的研究团队于2000年期间在石门台发现的含笑属新种，由于其四季常绿，树形紧凑，且芽、嫩枝、叶柄均密被红褐色平伏短绒毛，阳光下闪闪发亮，微风吹过，晃如红色海洋，花芳香，逐渐成为庭园绿化、盆栽观赏的植物新宠，引起越来越多的科研机构、专家学者的关注，他们纷纷加入到此物种的研究中。

本人对植物产生浓厚的兴趣，也是结缘于广东含笑，那是在2007年冬季，本人接到管理局黄林生科长交待的任务：到船底顶采集广东含笑种子，尝试人工繁殖。当时本人根本不清楚广东含笑的分布情况，以为是在阔叶林中寻找，如何才能找到啊？就这样怀着忐忑的心情向船底顶进发，幸运的是，凭着林业中专植物分类基础，在金矿挖掘迹地发现了大乔木型广东含笑的零星分布，之后到达木笼顶山脚，见到更多的小乔木、灌木型广东含笑分布，更加印证了本人的判断，同时颠覆了本人的认知，绝对想不到广东含笑是以小乔木、灌木型的形式集中分布于山顶阔叶矮林中，因此，只要是稍微懂点植物分类知识的人，去对地方，都能轻易辨认出广东含笑来。如今此事已经过去了10多年，但是沿途诸多从未见过的植物使本人产生浓厚的兴趣，并沿着此道路一直走下去。虽然当时未能采集到广东含笑种子，但是石门台保护区后来也通过各种方式繁殖了批量的广东含笑苗木。

船底顶为保护区最高峰，海拔1 586m，沿途分布的野生植物种类可达保护区总种类的60%～70%，从联山出发需经过磨盘石山坳、罗布坑溪流、石墩

窝山坳、西坑坝溪流，攀爬峭壁至金子山顶，再穿过木笼顶、高山草甸才能到达船底顶，需三上、三下山，行走12小时以上，道路崎岖难行，因此到船底顶拍摄困难重重，这也是《石门台植物1》较少收录船底顶植物种类的原因。2014年保护区在木笼顶脚设置了1 200m^{2}的广东松固定样方以及广东含笑的野外调查，使得到船底顶的次数不断增加，更为重要的是在前进百鸟塘发现了广东含笑、广东松的天然分布点，而且分布很多相同的植物种类，譬如曲江远志、厚叶厚皮香、谷木叶冬青、齿叶冬青、湖广卫矛、乔木茵芋、长尾乌饭树、猴头杜鹃、南岭山矾、丫蕊花、粘岭藜芦、水玉簪、小舌唇兰、华肖菝葜等。本人为此时常前往前进百鸟塘及周边石灰岩地区，实现了不上船底顶，就能拍摄到船底顶分布的植物花、果的目标。

本书收录的植物种类，绝大部分于2016年1月至2019年5月间拍摄，也是因采用微距镜头、改进拍摄方法技巧后，照片质量得到很大的提高，综合反映了这几年船底顶、石灰岩调查的成果，是阶段性的工作展示和总结。本书裸子植物采用郑万钧系统，被子植物采用哈钦松系统，收录有花或果的被子植物600余种，精选了2 300余幅精美照片，绝大部分为本人拍摄，缪绅裕教授补充了数张照片，是《石门台植物1》的续集，期望读者能更好地了解石门台植物的多样性，在向往自然、享受自然的同时，做到热爱自然、保护自然。

由于水平所限，本书在编写过程中，难免有错漏之处，敬请广大读者批评指正。

编者

2019年6月9日

前进管理站　鹿洞观测点

前进管理站　百鸟塘红珠岩观测点

锦潭管理站　金子山观测点

蝴蝶谷　蝴蝶

横石塘管理站　杪椤谷瀑布

目录
CONTENTS

裸子植物门 Gymnospermae

被子植物门 Angiospermae

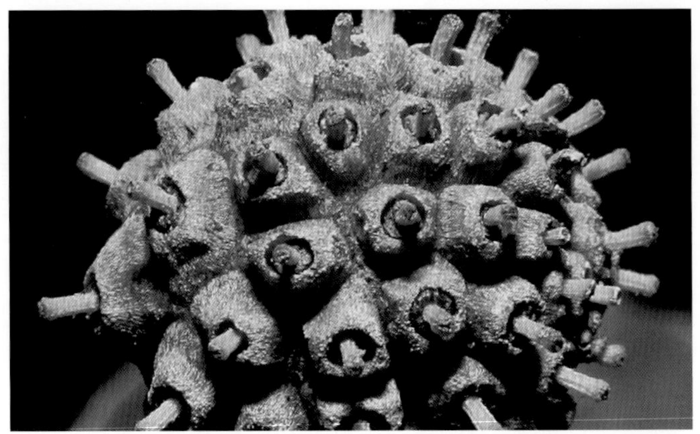

目录
CONTENTS

G4. 松科 Pinaceae

华南五针松 松科 松属

■ *Pinus kwangtungensis* Chun ex Tsiang

别名广东松。高大乔木。针叶5针1束，腹面每侧有4～5条白色气孔线。球果柱状矩圆形或圆柱状卵形，常单生；种鳞楔状倒卵形，鳞盾菱形。花期4—5月，球果翌年10月成熟。前进、锦潭管理站前进、联山有分布。中国特有分布种。可材用，可提树脂。国家Ⅱ级重点保护野生植物。

马尾松 松科 松属

■ *Pinus massoniana* Lamb.

别名青松、山松、枞松。高大乔木。树皮裂成不规则的鳞状块片；针叶2针1束，稀3针1束，两面有气孔线。雄球花聚生于嫩枝下部；雌球花单生或2～4个聚生于嫩枝近顶端，淡紫红色，一年生小球果褐色或紫褐色。球果卵圆形或圆锥状卵圆形，成熟前绿色，熟时栗褐色；鳞盾菱形，鳞脐无刺；种子长卵圆形。花期4—5月，球果翌年10—12月成熟。前进、锦潭、横石塘、云岭、沙口管理站均有分布。可材用，树干可割松脂，树干及根部可入药，树皮可提栲胶。

G5. 杉科 Taxodiaceae

南方铁杉 杉科 铁杉属

■ *Tsuga chinensis* var. *tchekiangensis* (Flous) Cheng et L. K. Fu

别名仙柏、铁林刺、刺柏。高大乔木。树皮暗深灰色，纵裂，块状脱落；叶条形，排成两列，先端钝圆有凹缺，气孔带灰绿色。球果卵圆形或长卵圆形；苞鳞倒三角状楔形或斜方形，先端2裂。花期4月，球果10月成熟。锦潭管理站联山有分布。中国特有分布种。可材用，树干可割树脂，树皮可提栲胶，种子可榨油。

G6. 柏科 Cupressaceae

福建柏 柏科 福建柏属

■ *Fokienia hodginsii* (Dunn) Henry et Thomas

别名建柏、广柏。大乔木。生鳞叶的小枝扁平，排成1平面。鳞叶2对交叉对生，两侧具凹陷的白色气孔带。雄球花、球果近球形，熟时褐色；种鳞顶部多角形，中间有1小尖头凸起。花期3—4月，种子翌年10—11月成熟。锦潭管理站联山有分布。可材用，生长快，可作造林树种。国家Ⅱ级重点保护野生植物。

G7. 罗汉松科（竹柏科）Podocarpaceae

短叶罗汉松 罗汉松科 罗汉松属

■ *Podocarpus macrophyllus* var. *maki* (Sieb.) Endl.

乔木。叶螺旋状着生，条状披针形，先端尖，基部楔形，上面深绿色，下面带白色。雄球花穗状、腋生，常3～5个簇生于极短的总梗上；雌球花单生于叶腋，有梗，基部有少数苞片。种子卵圆形，熟时肉质假种皮紫黑色，有白粉，种托肉质圆柱形，红或紫红色。花期4—5月，种子8—9月成熟。前进、锦潭管理站前进、联山有分布。可材用。

竹柏 罗汉松科 罗汉松属

■ *Podocarpus nagi* (Thunb.) Zoll. et Mor ex Zoll.

别名船家树、铁甲树、大果竹柏等。高大乔木。叶对生，革质，长卵形等，无中脉，上面深绿色，有光泽，上部渐窄，基部楔形或宽楔形。雄球花单生于叶腋；雌球花单生于叶腋，稀成对腋生。种子圆球形，熟时假种皮暗紫色，有白粉。花期3—4月，种子10月成熟。锦潭、横石塘、云岭、沙口管理站均有分布。可材用，种仁油可供食用或工业用。

百日青 罗汉松科 罗汉松属

■ *Podocarpus neriifolius* D. Don

别名竹叶松。高大乔木。叶螺旋状着生，披针形，厚革质，常微弯，有短柄。雄球花穗状，单生或2~3个簇生。种子卵圆形，顶端圆或钝，熟时肉质假种皮紫红色，种托肉质橙红色。花期5月，种子10—11月成熟。横石塘管理站石门台有分布。可材用，可供庭园观赏。

G11. 买麻藤科 Gnetaceae

买麻藤 买麻藤科 买麻藤属

■ *Gnetum montanum* Markgr.

别名倪藤。木质大藤本。常缠绕于树上。叶矩圆形，革质或半革质，先端具短钝尖头，基部圆形或宽楔形。雄球花序1～2回三出分枝，排列疏松。种子矩圆状卵圆形或矩圆形，具种子柄。花期6—7月，种子8—9月成熟。前进、锦潭、横石塘、云岭、沙口管理站均有分布。茎皮纤维供制人造棉，种子可炒食或榨油。

小叶买麻藤 买麻藤科 买麻藤属

■ *Gnetum parvifolium* (Warb.) C. Y. Cheng ex Chun

缠绕藤本。叶椭圆形等，革质，基部宽楔形。成熟种子假种皮红色，长椭圆形等，先端常有小尖头，种脐近圆形，无柄或近无柄。花期6—7月，果期8—9月。前进、锦潭、横石塘、云岭、沙口管理站均有分布。韧皮部纤维可用于编制绳索，种子炒后可食用或榨油。

被子植物门 Angiospermae

1. 木兰科 Magnoliaceae

桂南木莲　木兰科 木莲属

Manglietia chingii Dandy

别名仁昌木莲、小木莲。常绿高大乔木。芽、嫩枝有红褐色短毛。叶革质，倒披针形等。花被片9～11枚，每轮3片。聚合果卵圆形；蓇葖具疣点凸起，顶端具短喙。花期5—6月，果期9—10月。锦潭、横石塘、云岭管理站联山、石门台、水头均有分布。可材用或庭园观赏。

乳源木莲 木兰科 木莲属

■ *Manglietia yuyuanensis* Law

乔木。除外芽鳞被金黄色平伏绒毛外，其余无毛。叶革质，倒披针形等，先端尾状渐尖，基部楔形。花被片9枚，3轮；雌蕊群椭圆状卵圆形，上部露出面具乳头状凸起。聚合果卵圆形，成熟时褐色。花期5月，果期9—10月。锦潭管理站联山有分布。

紫花含笑 木兰科 含笑属

■ *Michelia crassipes* Law

小乔木或灌木。芽、嫩枝、叶柄、花梗均密被红褐色或黄褐色长绒毛。叶革质，狭长圆形等，先端长尾状渐尖或急尖，基部楔形，脉上被长绒毛；托叶痕达叶柄顶端。花极芳香，花被片6枚，长椭圆形，紫红色或深紫色；雌蕊群密被绒毛。聚合果具蓇葖10枚以上；蓇葖扁卵圆形或扁圆球形。花期4—5月，果期8—9月。前进、锦潭管理站前进、八宝有分布。

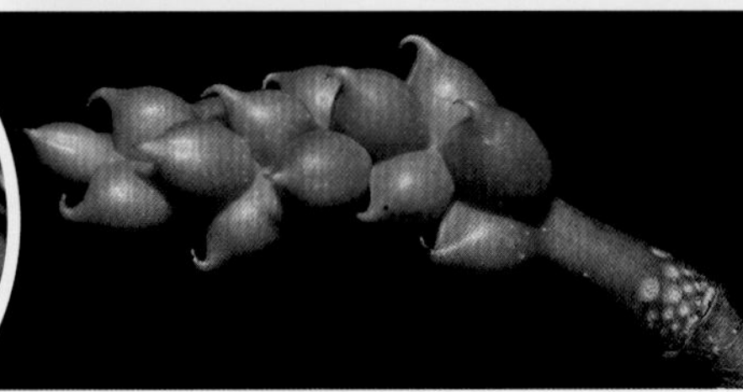

2A. 八角科 Illiciaceae

假地枫皮 木兰科 八角属

■ *Illicium jiadifengpi* B.N.Chang

乔木。树皮褐黑色。叶常3～5片聚生于小枝近顶端，狭椭圆形或长椭圆形，先端尾尖或渐尖，基部渐狭，下延至叶柄形成狭翅。花白色或浅黄色，腋生或近顶生；雄蕊28～32枚；心皮12～14枚，蓇葖12～14枚，顶端有向上弯曲的尖头。花期3—5月，果期8—10月。锦潭管理站联山有分布。

8. 番荔枝科 Annonaceae

白叶瓜馥木 番荔枝科 瓜馥木属

■ *Fissistigma glaucescens* (Hance) Merr.

别名大样酒饼藤、火索藤等。攀援灌木。叶近革质，长圆形等，叶顶端多为圆形，少数微凹，叶基部圆形或钝形，两面无毛，叶背白绿色，干后苍白色。花数朵集成聚伞式的总状花序，花序顶生，被黄色绒毛；外轮花瓣阔卵圆形，被黄色绒毛，内轮花瓣卵状长圆形，外被白色绒毛；心皮约15枚，被褐色绒毛，花柱圆柱状，柱头顶端2裂。果圆球状。花期1—9月，果期几乎全年。锦潭管理站长江有分布。根可入药，活血除湿；茎皮纤维坚韧，可作绳索或作点火绳；叶可作酒饼药。

香港瓜馥木 番荔枝科 瓜馥木属

■ *Fissistigma uonicum* (Dunn) Merr.

攀援灌木。果实和叶背被稀疏绒毛，其余无毛。叶纸质，长圆形，顶端急尖，基部圆形或宽楔形，叶背淡黄色，干后红黄色。花黄色，有香气，1～2朵聚生于叶腋；萼片卵圆形；外轮花瓣比内轮花瓣长，无毛，卵状三角形，内轮花瓣狭长；药隔三角形；心皮被绒毛，柱头顶端全缘。果圆球状，成熟时黑色，被短绒毛。花期3—6月，果期6—12月。前进、横石塘管理站更古、石门台有分布。叶可制酒饼药，果味甜可食。

11. 樟科 Lauraceae

毛黄肉楠 樟科 黄肉楠属

■ *Actinodaphne pilosa* (Lour.) Merr.

乔木或灌木。小枝粗壮，幼时密被锈色绒毛。叶互生或3~5片聚生，倒卵形等，先端突尖，基部楔形，革质，幼时两面及边缘均密生锈色绒毛，羽状脉；叶柄粗壮，有锈色绒毛。花序腋生或枝侧生；花梗有锈色绒毛；花被裂片6片，外面有长绒毛。果球形，生于近扁平的盘状果托上；果梗被绒毛。花期8—12月，果期翌年2—3月。锦潭管理站长江有分布。可材用，树皮与叶可药用。

广东琼楠　樟科 琼楠属

■ *Beilschmiedia fordii* Dunn

乔木。树皮青绿色。叶常对生，革质，披针形等；叶片先端短渐尖或钝，基部楔形或阔楔形。聚伞状圆锥花序常腋生，花密；花黄绿色；花被裂片卵形至长圆形。果椭圆形，两端圆形，通常具瘤状小凸点。花期2月，果期4—8月。锦潭管理站联山有分布。

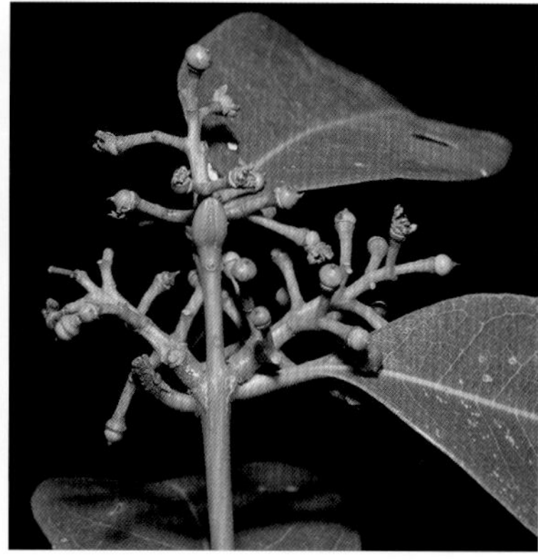
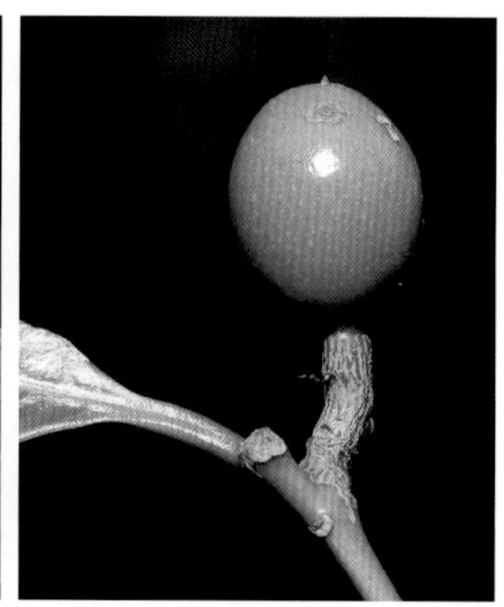

网脉琼楠　樟科 琼楠属

■ *Beilschmiedia tsangii* Merr.

大乔木。树皮灰褐色或灰黑色。叶互生或近对生，革质，椭圆形至长椭圆形，先端短尖，基部急尖或近圆形，两面具光泽；叶柄密被褐色绒毛。圆锥花序腋生，微被短绒毛，花白色或黄绿色。果椭圆形，有瘤状小凸点。花期4—5月，果期7—12月。前进、锦潭管理站前进、八宝、鲤鱼有分布。

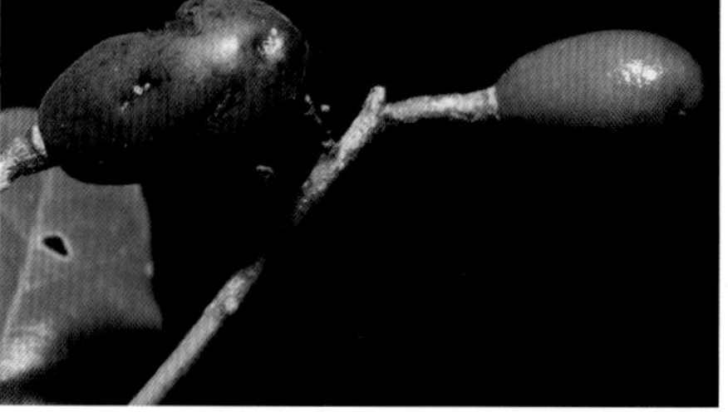

毛桂 樟科 樟属

■ *Cinnamomum appelianum* Schewe

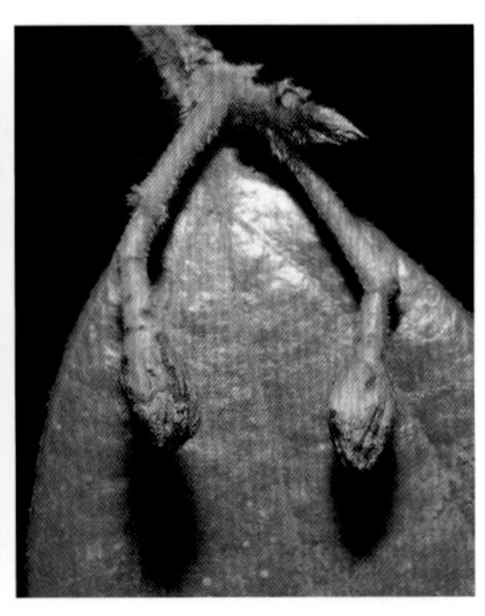

小乔木。当年生枝密被污黄色硬毛状绒毛，老枝无毛。叶互生或近对生，椭圆形等，叶片先端骤然短渐尖，基部楔形至近圆形，革质，离基三出脉，叶柄密被污黄色硬毛状绒毛。圆锥花序生于当年生枝条基部叶腋内。花白色，花梗密被黄褐色微硬毛状微绒毛。未成熟时果椭圆形；果托增大，漏斗状，顶端具齿裂。花期4—6月，果期6—8月。锦潭、横石塘管理站长江、石门台有分布。树皮可代肉桂入药，可材用或造纸。

钝叶桂 樟科 樟属

■ *Cinnamomum bejolghota* (Buch.-Ham.) Sweet

高大乔木。叶近对生，椭圆状长圆形；叶片先端钝、急尖或渐尖，基部近圆形或渐狭；硬革质，三出脉或离基三出脉。圆锥花序生于枝条上部叶腋内。花黄色，被灰色短绒毛。能育雄蕊9枚，退化雄蕊3枚。子房长圆形，花柱细长，柱头盘状。果椭圆形；果托黄带紫红色，稍增大，倒圆锥形，具齿裂，齿顶端截平。花期3—4月，果期5—7月。锦潭管理站鲤鱼有分布。可材用，叶、根及树皮可提芳香油。

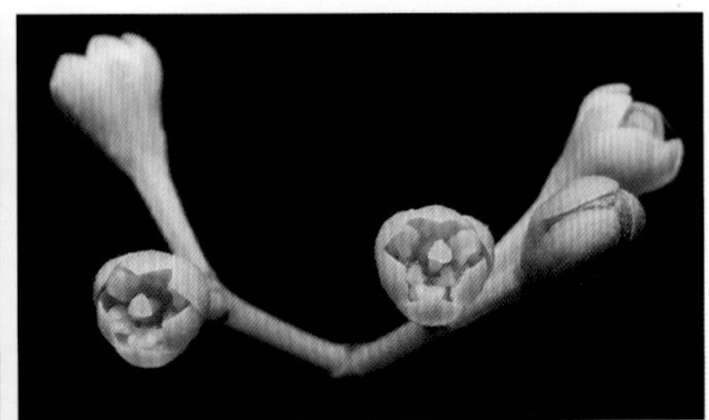

少花桂 樟科 樟属

■ *Cinnamomum pauciflorum* Nees

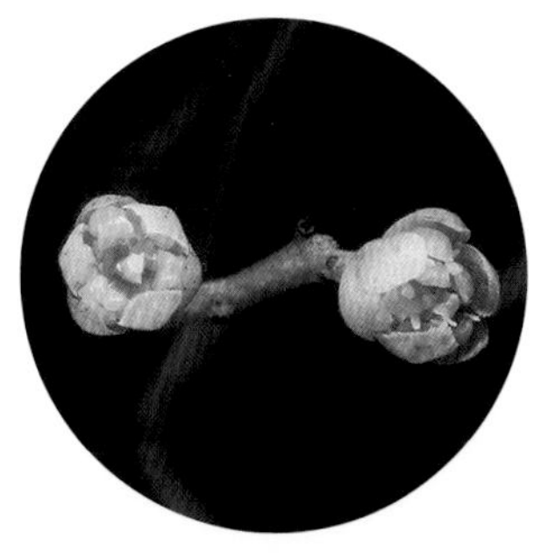

乔木。叶互生，卵圆形等，先端短渐尖，基部宽楔形，边缘内卷，厚革质，三出脉或离基三出脉。圆锥花序腋生，常短于叶很多，3～7朵花，常呈伞房状。花黄白色，被灰白微绒毛。花被两面被灰白短丝毛。能育雄蕊9枚，花丝略被绒毛；退化雄蕊3枚；子房卵球形，花柱弯曲，柱头盘状。果椭圆形，熟时紫黑色；果托浅杯状，边缘具整齐的截状圆齿。花期6月，果期9—10月。锦潭管理站联山有分布。树皮及根可入药，枝叶含芳香油。

黄樟 樟科 樟属

■ *Cinnamomum porrectum* (Roxb.) Kosterm.

别名大叶樟、黑骨樟、油樟等。常绿乔木。叶互生，椭圆状卵形等，先端急尖或短渐尖，基部楔形或阔楔形，革质，羽状脉。圆锥花序。花小；花梗纤细；花被外面无毛，内面被短绒毛。能育雄蕊9枚，花丝被短绒毛；退化雄蕊3枚。子房卵珠形，花柱弯曲，柱头盘状。果球形，黑色；果托狭长倒锥形，红色。花期3—5月，果期4—10月。前进、锦潭、横石塘、云岭、沙口管理站均有分布。叶可供饲养天蚕；枝、叶、根、树皮、木材可提樟脑；可材用。

川桂 樟科 樟属

■ *Cinnamomum wilsonii* Gamble

高大乔木。叶互生或近对生，卵圆形或卵圆状长圆形，先端渐尖，尖头钝，基部渐狭下延至叶柄，革质，离基三出脉。圆锥花序腋生，少花，近总状或为2～5朵花的聚伞状，具纤细总梗。花白色。花被内外两面被丝状微绒毛，能育雄蕊9枚，花丝被绒毛；退化雄蕊3枚。子房卵球形，花柱增粗，柱头宽大，头状。果托顶端截平，边缘具极短裂片。花期4—5月，果期10月。锦潭管理站八宝有分布。枝叶和果均含芳香油，树皮可入药。

厚壳桂 樟科 厚壳桂属

■ *Cryptocarya chinensis* (Hance) Hemsl.

高大乔木。叶互生或对生，长椭圆形，先端长或短渐尖，基部阔楔形，革质，离基三出脉，基部的1对侧脉对生。圆锥花序腋生及顶生，具梗，被黄色小绒毛。花淡黄色，花梗极短，被黄色小绒毛。能育雄蕊9枚，花丝被绒毛；退化雄蕊3枚。子房棍棒状，花柱线形，柱头不明显。果球形或扁球形，熟时紫黑色，有纵棱12～15条。花期4—5月，果期8—12月。锦潭、横石塘管理站黄洞、石门台有分布。可材用。

香叶树 樟科 山胡椒属

■ *Lindera communis* Hemsl.

别名香果树、细叶假樟、野木姜子、香叶子、大香叶等。常绿灌木或小乔木。叶互生，披针形等，先端渐尖、急尖，基部宽楔形或近圆形，革质，下面被黄褐色绒毛，后渐脱落；羽状脉。伞形花序具5～8朵花，单生或2个同生于叶腋。果卵形或近球形，无毛，熟时呈红色。花期3—4月，果期9—10月。前进、锦潭、横石塘、云岭、沙口管理站均有分布。种仁油可供食用，油粕可作肥料，枝叶可入药。

滇粤山胡椒 樟科 山胡椒属

■ *Lindera metcalfiana* Allen

别名山钓樟。灌木或小乔木。叶互生，椭圆形等，先端渐尖或尾尖，基部宽楔形，革质，羽状脉，叶柄被黄褐色绒毛。雄伞形花序有雄花6～8朵。雄花黄色，花梗密被黄褐色绒毛，花被片6枚，具腺点；能育雄蕊9枚；雌蕊退化，子房卵形。雌伞形花序有雌花4～8朵；总梗略被黄褐色微绒毛。雌花黄色；退化雄蕊9枚；子房卵形，花柱粗壮，柱头盾形。果球形，熟时呈紫黑色。花期3—5月，果期6—10月。沙口管理站江溪有分布。

山橿 樟科 山胡椒属

■ *Lindera reflexa* Hemsl.

别名野樟树、钓樟、甘橿、木姜子、大叶钓樟等。落叶灌木或小乔木。叶互生，常卵形或倒卵状椭圆形，先端渐尖，基部圆形或宽楔形，纸质，羽状脉。伞形花序生于叶芽两侧各一，具总梗，红色，密被红褐色微绒毛，结果时脱落；总苞片4枚，内有花约5朵。雄花花梗密被白色绒毛；花被片6枚，黄色。雌花花梗密被白绒毛；花被片黄色；退化雄蕊条形；子房椭圆形，花柱与子房等长，柱头盘状。果球形，熟时呈红色；果梗被疏绒毛。花期2月，果期4—8月。锦潭管理站八宝有分布。根可入药。

尖脉木姜子 樟科 木姜子属

■ *Litsea acutivena* Hay.

常绿乔木。叶互生或聚生于枝顶，披针形等，先端急尖或短渐尖，基部楔形，革质，下面有黄褐色短绒毛，羽状脉；叶柄初时密被褐色绒毛，老时脱落。伞形花序簇生；总梗有绒毛；每1个花序有花5～6朵；花梗密被绒毛；花被裂片6枚，能育雄蕊9枚，花丝有毛，腺体盾形；退化雌蕊细小；雌花中子房卵形，近无毛，柱头2裂；退化雄蕊有毛。果椭圆形，熟时呈黑色；果托杯状。花期7—8月，果期12月至翌年2月。前进、锦潭管理站前进、联山有分布。

大萼木姜子 樟科 木姜子属

■ *Litsea baviensis* Lec.

常绿高大乔木。叶互生，椭圆形或长椭圆形，先端短渐尖或钝，基部楔形，革质，羽状脉。伞形花序常数个簇生，腋生于短枝上；花梗短，被绒毛；花被裂片6枚；能育雄蕊9枚，第3轮基部的腺体小。果椭圆形，顶端平，光亮而滑，中间有1小尖，熟时紫黑色；果托杯状，状如壳斗。花期5月，果期9月至翌年3月。锦潭管理站八宝有分布。可材用。

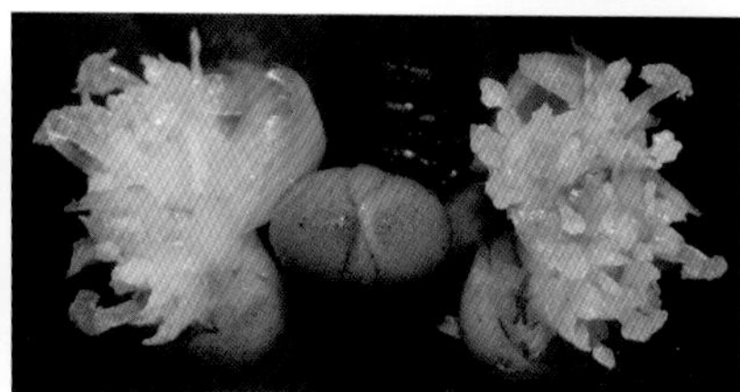

黄丹木姜子 樟科 木姜子属

■ *Litsea elongate* (Wall. ex Nees) Benth. et Hook. f.

别名毛丹、毛丹公、野枇杷木、黄壳兰、长叶木姜子等。常绿小乔木或中乔木。叶互生，长圆形等，先端钝或短渐尖，基部楔形或近圆形，革质，羽状脉；叶柄密被褐色绒毛。伞形花序单生，少簇生；总梗粗短，密被褐色绒毛；花梗被丝状长绒毛；花被裂片6枚，雄花能育雄蕊9～12枚，花丝有长绒毛；雌花序较雄花序略小，子房卵圆形，无毛，花柱粗壮，柱头盘状。果长圆形，熟时呈黑紫色；果托杯状。花期7—8月，果期11月至翌年4月。前进、锦潭、横石塘、云岭、沙口管理站均有分布。可材用，种子可榨工业用油。

华南木姜子 樟科 木姜子属

■ *Litsea greenmaniana* Allen

常绿小乔木。叶互生，椭圆形或近倒披针形，先端渐尖，基部楔形，薄革质，羽状脉。伞形花序1～4个生于叶腋或枝侧的短枝上，花序梗被短绒毛，有雄花3～4朵；花梗有短绒毛；花被裂片6枚，黄色，外面有绒毛；能育雄蕊9枚，花丝有长绒毛；退化雌蕊细小，柱头2裂，无毛。果椭圆形；果托杯状。花期7—8月，果期12月至翌年3月。锦潭、横石塘、云岭、沙口管理站均有分布。

大叶新木姜子 樟科 木姜子属

■ *Neolitsea levinei* Merr.

高大乔木。叶4～5片轮生，长圆状披针形等，先端短尖或突尖，基部尖锐，革质，离基三出脉；叶柄密被黄褐色绒毛。伞形花序数个生于枝侧，具总梗；每1个花序有花5朵；花梗密被黄褐色绒毛；花被裂片4枚，卵形，黄白色；雄花有能育雄蕊6枚，花丝无毛；退化子房卵形，花柱有绒毛；雌花子房卵形或卵圆形，无毛，花柱短，有绒毛，柱头头状。果椭圆形或球形，熟时呈黑色；果梗密被绒毛。花期3—4月，果期8—10月。锦潭、横石塘管理站联山、石门台有分布。根可入药。

浙江润楠 樟科 润楠属

■ *Machilus chekiangensis* S. Lee

乔木。枝褐色，散布纵裂的唇形皮孔。叶常聚生于小枝枝梢，倒披针形，先端尾状渐尖，尖头常呈镰状，基部渐狭，革质或薄革质。果序生于当年生枝基部，有灰白色小绒毛，自中部或上部分枝。嫩果球形，绿色，干时带黑色；宿存花被裂片近等长，两面都有灰白色绢状小绒毛，内面的毛较疏，果梗稍纤细。花期3—4月，果期6—8月。前进、锦潭、横石塘、云岭、沙口管理站均有分布。

黄绒润楠 樟科 润楠属

■ *Machilus grijsii* Hance

小乔木。芽、小枝、叶柄、叶下面均有黄褐色短绒毛。叶倒卵状长圆形，先端渐狭，基部多少呈圆形，革质。花序短，丛生于小枝枝梢，密被黄褐色短绒毛；花被裂片薄，长椭圆形，两面均被绒毛。果球形。花期3月，果期4月。锦潭管理站长江有分布。

刨花润楠 樟科 润楠属

■ *Machilus pauhoi* Kanehira

乔木。叶椭圆形或狭椭圆形，先端渐尖或尾状渐尖，尖头稍钝，基部楔形，革质，上面深绿色，无毛，下面浅绿色。聚伞状圆锥花序生于当年生枝下部，与叶近等长，疏花；花被裂片卵状披针形，先端钝；雄蕊无毛；子房无毛，近球形，花柱较子房长，柱头头状。果球形，熟时黑色。花期3月，果期4—6月。生长于土壤肥沃的山坡灌木丛或山谷疏林。可材用，可制纸；种子含油脂，可制蜡烛和肥皂。锦潭管理站鲤鱼有分布。

粗壮润楠 樟科 润楠属

■ *Machilus robusta* W. W. Sm.

高大乔木。叶狭椭圆状卵形至倒卵状椭圆形，先端近锐尖，基部近圆形或宽楔形，厚革质。花序生于枝顶和先端叶腋，多数聚集，多花，分枝；总梗粗壮且带红色，初时密被蛛丝状短绒毛；花大，灰绿、黄绿或黄色；花梗被短绒毛，带红色；子房近球形，无毛，花柱丝状，柱头不明显。果球形，熟时蓝黑色；果梗增粗，深红色。花期2月，果期4—6月。锦潭、云岭管理站八宝、水头有分布。

柳叶润楠 樟科 润楠属

Machilus salicina Hance

灌木。叶线状披针形，先端渐尖，基部渐狭成楔形，革质。聚伞状圆锥花序多数，生于新枝上端，少分枝，无毛；花黄色或淡黄色；雄蕊花丝被绒毛，基部的毛较密；子房近球形，花柱纤细，柱头偏头状。果序疏松，少果；果球形，熟时紫黑色；果梗红色。花期2—3月，果期4—6月。沙口管理站江溪有分布。可作护岸防堤树种。

檫木 樟科 檫木属

Sassafras tzumu (Hemsl.) Hemsl.

落叶高大乔木。叶互生，聚集于枝顶，卵形或倒卵形，先端渐尖，基部楔形，全缘或2～3浅裂，坚纸质，羽状脉或离基三出脉；叶柄纤细，鲜时常带红色。花序顶生，先叶开放，多花，具梗，与花序轴同样密被棕褐色绒毛。花黄色，雌雄异株。雄花具花被裂片6枚；能育雄蕊9枚，成3轮排列，花丝被绒毛，退化雄蕊3枚；退化雌蕊明显。雌花具退化雄蕊12枚，排成4轮，外形似雄花的能育雄蕊及退化雄蕊；子房卵珠形，无毛，柱头盘状。果近球形，熟时蓝黑色，果托呈红色。花期3—4月，果期5—9月。前进管理站前进有分布。可材用，根和树皮可入药，果、叶和根含芳香油。

13A. 青藤科 Illigeraceae

红花青藤 青藤科 青藤属

■ *Illigera rhodantha* Hance

藤本。幼枝被金黄褐色绒毛，指状复叶互生，有小叶3片；叶柄密被金黄褐色绒毛。小叶纸质，卵形等，先端钝，基部圆形或近心形，全缘；小叶柄密被金黄褐色绒毛。聚伞花序组成的圆锥花序腋生，密被金黄褐色绒毛；花瓣与萼片同形，稍短，玫瑰红色；雄蕊5枚，被毛；附属物花瓣状，膜质；花柱被黄色绒毛，柱头波状扩大成鸡冠状；花盘上腺体5个，小。果具4翅。花期9—10月，果期12月至翌年4—5月。前进、锦潭、云岭管理站乌田、八宝、水头有分布。

15. 毛茛科 Ranunculaceae

丝铁线莲　毛茛科 铁线莲属

■ *Clematis filamentosa* Dunn

别名甘木通。木质藤本。三出复叶，无毛；小叶片纸质，卵圆形等，顶端钝圆，基部宽楔形等，全缘，基出掌状脉5条。腋生圆锥花序或总状花序，常具7～12朵花；萼片4枚，白色，窄卵形或卵状披针形，外面有锈褐色或淡褐色绒毛，内面无毛，顶端钝圆；雄蕊外轮较长，内轮较短；心皮在开花时有白色绵毛，花柱有短绒毛。瘦果狭卵形，常偏斜，棕色，宿存花柱丝状，有开展长绒毛。花期11—12月，果期翌年1—2月。锦潭管理站长江有分布。叶供药用，对治疗高血压病及冠心病有较好的疗效。

毛果铁线莲 毛茛科 铁线莲属

■ *Clematis peterae* var. *trichocarpa* W. T. Wang

别名大木通。藤本。一回羽状复叶，有5小叶，偶1对3小叶；小叶片卵形或长卵形，少数卵状披针形，顶端常锐尖或短渐尖，基部圆形或浅心形。圆锥状聚伞花序多花；花序梗、花梗密生短绒毛；花萼片4枚，开展，白色，倒卵形等，顶端钝，两面有短绒毛，外面边缘密生短绒毛；雄蕊无毛；子房和瘦果有绒毛。花期8—9月，果期9—12月。锦潭管理站八宝有分布。

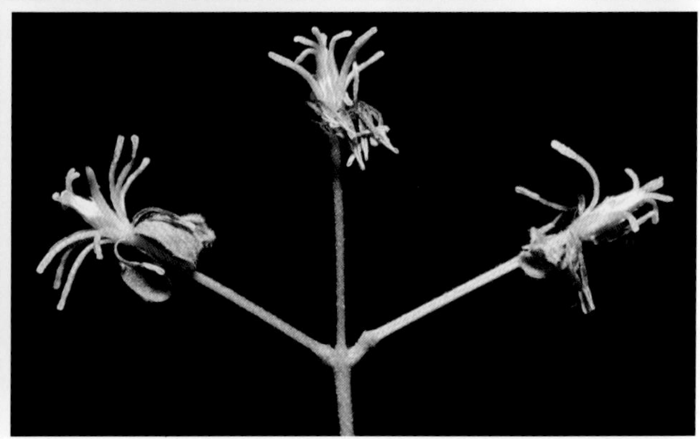

18. 睡莲科 Nymphaeaceae

睡莲 睡莲科 睡莲属

Nymphaea tetragona Georgi

多年生水生草本。叶纸质，心状卵形等，基部具深弯缺。花梗细长；花萼基部四棱形，萼片革质，宽披针形或窄卵形，宿存；花瓣白色，宽披针形等；雄蕊比花瓣短，花药条形；柱头具5～8条辐射线。浆果球形。花期6—8月，果期8—10月。前进管理站前进有分布，生于池沼中。根状茎含淀粉，可食用或酿酒；全草可作绿肥。

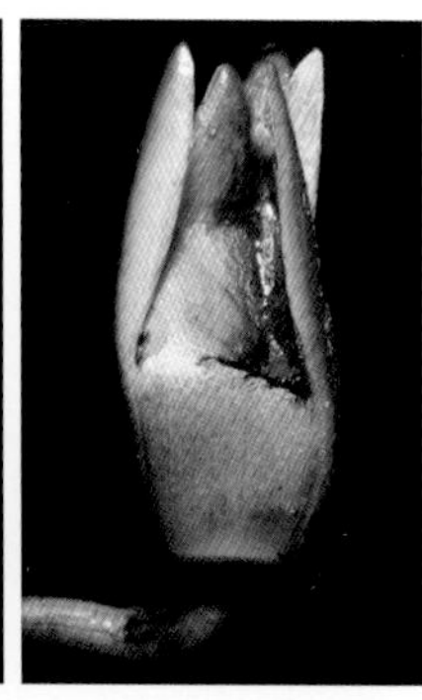

19. 小檗科 Berberidaceae

南岭小檗 小檗科 小檗属

■ *Berberis impedita* Schneid.

常绿灌木。茎刺缺如或极细弱，3分叉。叶革质，椭圆形等，先端钝或急尖，基部渐狭，叶缘每边具8～12个刺齿。花2～4朵簇生；花黄色；萼片2轮；花瓣倒卵形，先端缺裂；雄蕊药隔先端稍膨大。果柄常带红色；浆果长圆形，熟时呈黑色。花期4—5月，果期6—10月。锦潭管理站联山有分布。

21. 木通科 Lardizabalaceae

野木瓜 木通科 野木瓜属

Stauntonia chinensis DC.

别名七叶莲、沙引藤、山芭蕉。木质藤本。掌状复叶有小叶5～7片；小叶革质，长圆形等，先端渐尖，基部钝形、圆形或楔形。花雌雄同株，常3～4朵组成伞房花序式的总状花序。果长圆形。花期3—4月，果期6—10月。锦潭管理站联山有分布。全株可入药。

23. 防己科 Menispermaceae

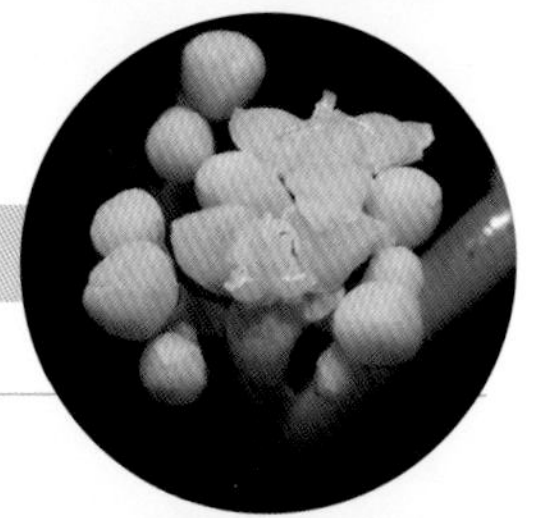

樟叶木防己 防己科 木防己属

■ *Cocculus laurifolius* DC.

直立灌木或小乔木。叶薄革质，椭圆形等，顶端渐尖，基部楔形或短尖；掌状脉3条。聚伞花序或聚伞圆锥花序，腋生。雌花萼片和花瓣与雄花相似；心皮3枚，无毛。核果近圆球形，稍扁。花期5月，果期6—9月。锦潭管理站八宝、尧西有分布。

毛叶轮环藤 防己科 轮环藤属

■ *Cyclea barbata* Miers

草质藤本。叶纸质，三角状卵形等，顶端短渐尖，基部微凹；掌状脉9~12条；叶柄被硬毛，盾状着生。花序腋生或生于老茎上，雄花序为圆锥式花序，被长绒毛，间断着生于花序分枝上；子房密被硬毛，柱头裂片锐尖。核果斜倒卵圆形至近圆球形，红色，被绒毛。花期秋季，果期冬季。锦潭、横石塘、云岭、沙口管理站均有分布。根可入药，具有解毒、止痛、散瘀的功效。

夜花藤 防己科 夜花藤属

■ *Hypserpa nitida* Miers

木质藤本。叶片纸质至革质，卵形等，顶端渐尖，基部钝形或圆形，偶楔形；掌状脉3条；叶柄被绒毛或无毛。雄花序常有花数朵，被绒毛；雌花序与雄花序相似或仅有花1~2朵；子房半球形或近椭圆形，无毛。核果熟时呈黄色或橙红色，近球形。花期4—5月，果期7—9月。前进、锦潭、横石塘、云岭、沙口管理站均有分布。根含多种生物碱，可入药。

金线吊乌龟 防己科 千金藤属

■ *Stephania cepharantha* Hayata

草质、无毛藤本。叶纸质，三角状扁圆形至近圆形，顶端具小凸尖，基部圆形或近截平，边全缘或多少浅波状；掌状脉7~9条，纤细。雌雄花序均为头状花序，具盘状花托，雄花序总梗丝状，雌花序总梗粗壮，单个腋生。核果阔倒卵圆形，熟时呈红色。花期4—5月，果期6—8月。锦潭、横石塘、云岭、沙口管理站均有分布。盆栽。块根可入药及酿酒。

中华青牛胆 防己科 青牛胆属

■ *Tinospora sinensis* (Lour.) Merr.

藤本。叶纸质，阔卵状近圆形，顶端骤尖，基部心形，全缘，两面被短绒毛，背面密；掌状脉5条。总状花序先叶抽出，雄花序单生或有时多个簇生，雄花萼片6枚；花瓣6片，近菱形；雄蕊6枚。雌花序单生，雌花萼片和花瓣与雄花同；心皮3枚。核果红色，近球形。花期4月，果期5—6月。前进、锦潭管理站波罗、八宝有分布。茎藤可入药，具有舒筋活络的功效，又称宽筋藤。

24. 马兜铃科 Aristolochiaceae

金耳环 马兜铃科 细辛属

Asarum insigne Diels

别名马蹄细辛、一块瓦、小犁头。多年生草本。叶长卵形等，先端急尖或渐尖，基部耳状深裂，叶面中脉两旁常有白色云斑，脉上和叶缘有绒毛；叶柄有绒毛。花紫色，花梗常弯曲；花被管钟状，中部以上扩展成一环突，然后缢缩，喉孔窄三角形，无膜环，花被裂片宽卵形至肾状卵形；子房下位，外有6条棱，花柱6枚，顶端2裂；柱头侧生。花期4—5月，果期5—6月。锦潭、横石塘管理站联山、石门台有分布。全草具浓烈麻辣味，可作为治疗跌打的万花油类外用药的主要原料。

细辛 马兜铃科 细辛属

■ *Asarum sieboldii* Miq.

别名华细辛、盆草细辛。多年生草本。叶常2片，心形或卵状心形，先端渐尖或急尖，基部深心形，顶端圆，叶面疏生短毛；叶柄无毛。花紫黑色；花被管钟状；花被裂片三角状卵形；花丝与花药近等长或稍长；子房半下位或几近上位，球状，花柱6枚，较短，顶端2裂，柱头侧生。果近球状，棕黄色。花期1—2月，果期2—4月。锦潭管理站八宝有分布。全草可入药。

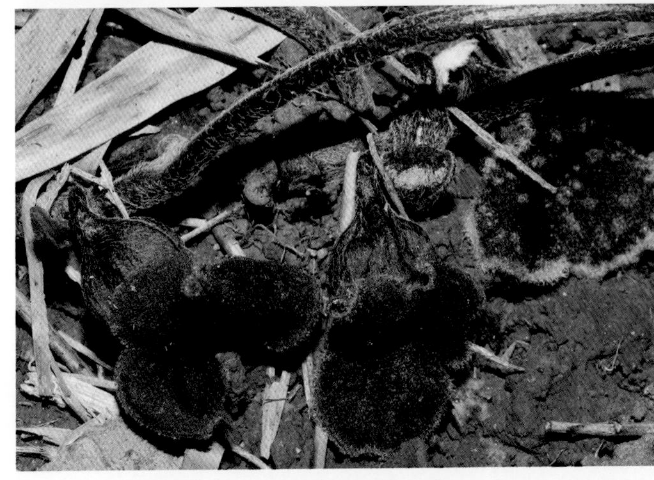

28. 胡椒科 Piperaceae

石蝉草 胡椒科 草胡椒属

■ *Peperomia dindygulensis* Miq.

又名散血胆。肉质草本。叶对生或3～4片轮生，膜质或薄纸质，有腺点，椭圆形等，下部有时近圆形，顶端圆或钝，基部渐狭或楔形，两面被短绒毛；叶脉5条，基出；叶柄被毛。穗状花序腋生和顶生，单生或2～3丛生；总花梗被疏绒毛；花疏离；苞片圆形，盾状有腺点；雄蕊与苞片同着生于子房基部；子房倒卵形，顶端钝，柱头顶生，被短绒毛。浆果球形，顶部稍尖。花期7—8月，果期8—10月。锦潭管理站八宝有分布。全草可入药，有散瘀消肿、止血等功效。

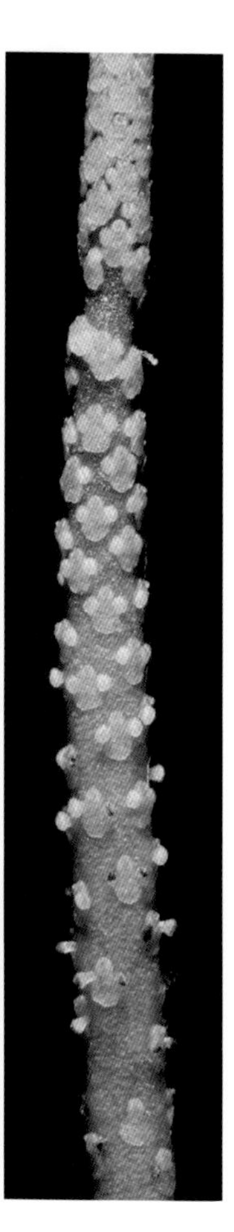

豆瓣绿 胡椒科 草胡椒属

■ *Peperomia tetraphylla* (Forst. f.) Hook. et Arn.

别名豆瓣菜、豆瓣如意。肉质、丛生草本；茎匍匐，多分枝，下部节上生根，节间有粗纵棱。叶密集，大小近相等，4或3片轮生，带肉质，有透明腺点，阔椭圆形或近圆形，两端钝或圆形；叶脉3条，常不明显；叶柄短。穗状花序单生，顶生和腋生；总花梗被疏毛或近无毛，花序轴密被毛；子房卵形，生于花序轴凹陷处，柱头顶生，近头状，被短绒毛。浆果近卵形，顶端尖。花期11至翌年3月。锦潭管理站联山有分布。全草可入药。

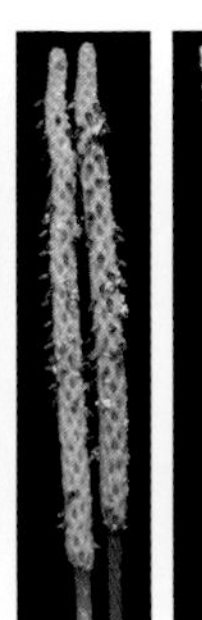
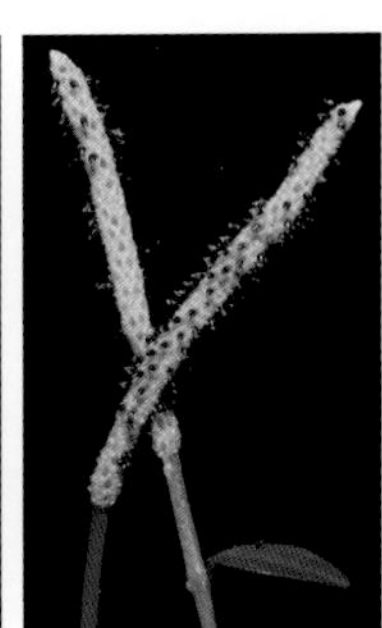

华南胡椒 胡椒科 胡椒属

■ *Piper austrosinense* Tseng

木质攀援藤本。叶厚纸质，花枝下部叶阔卵形或卵形，顶端短尖，基部常心形，两侧相等，上部叶卵形等，顶端渐尖，基部钝形；基出脉5～7条，对生；下部叶柄长，上部叶柄短。花单性，雌雄异株，聚集穗状花序。雄花序圆柱形，顶端钝，白色；雄花序苞片圆形，无柄，盾状，雄蕊2枚。雌花序白色，总花梗与花序近等长；苞片与雄花序的相同；子房基部嵌生于花序轴中，柱头3～4裂，被绒毛。浆果球形，基部嵌生于花序轴中。花期6月，果期11月至翌年3月。横石塘管理站石门台有分布。

30. 金粟兰科 Chloranthaceae

丝穗金粟兰 金粟兰科 金粟兰属

Chloranthus fortune (A. Gray) Solms-Laub.

别名水晶花，四大金刚、四大天王、四块瓦、四子莲。多年生草本。叶对生，常4片生于茎上部，纸质，宽椭圆形等，顶端短尖，基部宽楔形，边缘有圆锯齿，齿尖有腺体，嫩叶背面密生细小腺点。穗状花序单一，由茎顶抽出；苞片倒卵形，常2～3齿裂；花白色，有香气；雄蕊3枚；子房倒卵形，无花柱。核果球形，淡黄绿色。花期2—3月，果期3—5月。前进、锦潭、横石塘管理站乌田、八宝、建山有分布。全草可入药，具有抗菌消炎、活血散瘀的功效。

宽叶金粟兰 金粟兰科 金粟兰属

■ *Chloranthus henryi* Hemsl.

别名大叶及已、四块瓦、四叶对、四大金刚、四大天王。多年生草本。叶对生，常4片生于茎上部，纸质，宽椭圆形等，顶端渐尖，基部楔形至宽楔形，边缘具锯齿，齿端有一腺体。托叶小，钻形。穗状花序顶生，常二歧或总状分枝；花白色；雄蕊3枚，基部几分离；子房卵形，无花柱，柱头近头状。核果球形，具短柄。花期4月，果期7—8月。前进管理站乌田有分布。根、根状茎或全草可入药，可舒筋活血、消肿止痛。

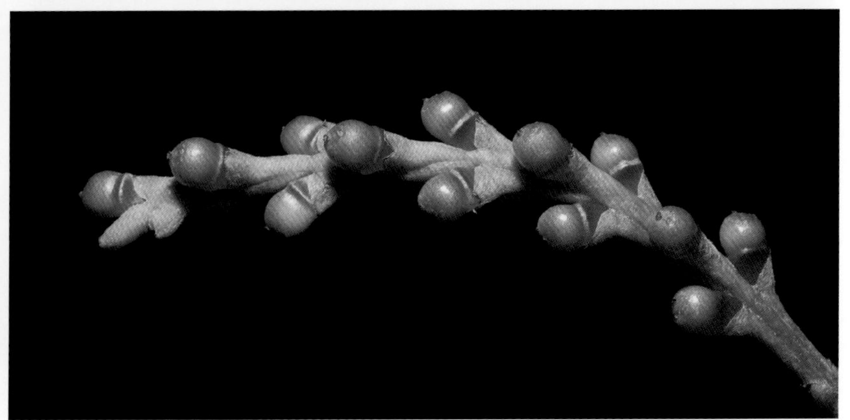

32. 罂粟科 Papaveraceae

博落回 罂粟科 博落回属

Macleaya cordata (Willd.) R. Br.

别名勃逻回、落回、菠萝筒、喇叭筒、号筒杆、大叶莲、三钱三等。直立草本，具乳黄色浆汁。叶宽卵形或近圆形，先端急尖等，常7或9裂，基出脉通常5条。大型圆锥花序多花，顶生和腋生；无花瓣；雄蕊24～30枚；子房倒卵形至狭倒卵形，柱头2裂，下延于花柱上。蒴果狭倒卵形或倒披针形。花果期6—11月。锦潭管理站联山有分布。全草有大毒，不可内服，入药治跌打损伤、关节炎等；可作农药。

36. 白花菜科 Cleomaceae

醉蝶花 白花菜科 白花菜属

■ *Cleome spinosa* Jacq.

别名西洋白花菜、紫龙须。一年生草本。全株被黏质腺毛，有特殊臭味，有托叶刺。叶为具5～7片小叶的掌状复叶，小叶草质，椭圆状披针形等，侧脉10～15对；叶柄常有淡黄色皮刺。总状花序密被黏质腺毛；花蕾圆筒形，无毛；花梗被短腺毛，单生苞片腋内；萼片4枚，长圆状椭圆形，顶端渐尖，外被腺毛；花瓣粉红色，瓣片倒卵伏匙形；雄蕊6枚，花药线形。果圆柱形。花期初夏，果期夏末秋初。原产热带美洲。云岭管理站水头有逸为野生的植株。为优良蜜源植物。

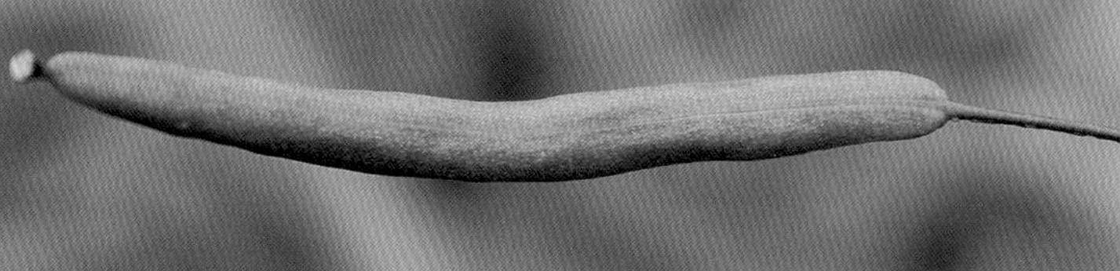

40. 堇菜科 Violaceae

戟叶堇菜 堇菜科 堇菜属

■ *Viola betonicifolia* J. E. Smith

多年生草本。叶基生，莲座状；叶片狭披针形等，先端尖，基部截形或略呈浅心形，基部垂片开展并具明显牙齿。花白色或淡紫色，有深色条纹；花梗细长，常无毛；萼片卵状披针形或狭卵形，基部附属物较短，末端圆形，具3条脉；上方花瓣倒卵形，侧方花瓣长圆状倒卵形，里面基部密生或有时生较少量的须毛；距管状，稍短而粗，末端圆形；子房卵球形，无毛。蒴果椭圆形。花果期4—9月。前进管理站乌田有分布。全草可入药，可清热解毒、消肿散瘀。

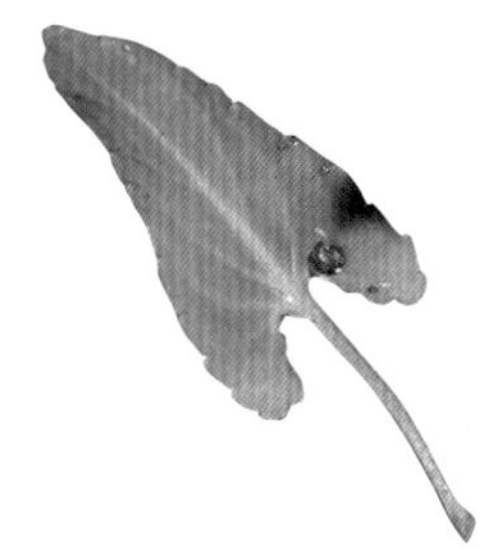

心叶堇菜 堇菜科 堇菜属

■ *Viola concordifolia* C. J. Wang

多年生草本。叶多数，基生；叶片卵形等，先端尖或稍钝，基部深心形等，边缘具多数圆钝齿。花呈淡紫色；花梗不高于叶片；萼片基部附属物末端钝形或平截；上方花瓣与侧方花瓣倒卵形，侧方花瓣里面无毛；下方雄蕊的距细长；子房圆锥状，无毛，花柱棍棒状，基部稍膝曲，柱头孔较粗。蒴果椭圆形。花果期1—3月。锦潭管理站八宝有分布。

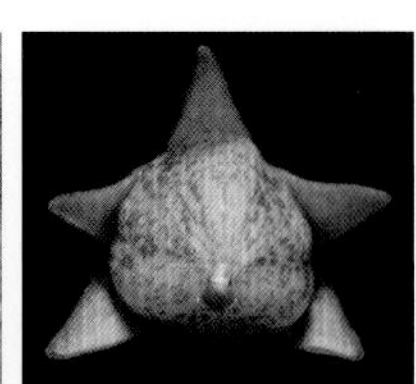

七星莲 堇菜科 堇菜属

■ *Viola diffusa* Ging.

别名蔓茎堇菜、茶匙黄。一年生草本，全体被糙毛。基生叶多数，丛生呈莲座状；叶卵形等，先端钝或稍尖，基部宽楔形等，明显下延于叶柄，边缘具钝齿及缘毛，幼叶两面密被白色绒毛；叶柄具明显的翅，常有毛。花较小，淡紫色或浅黄色，具长梗；萼片披针形，先端尖，基部附属物短；子房无毛，花柱棍棒状。蒴果长圆形，无毛，顶端常具宿存花柱。花期3—5月，果期5—8月。前进、锦潭管理站乌田、八宝有分布。全草可入药，具有清热解毒的功效。

短须毛七星莲 堇菜科 堇菜属

■ *Viola diffusa* var. *brevibarbata* C. J. Wang

本变种与原变种七星莲的主要区别是，侧方花瓣里面基部有明显的短须毛。前进、锦潭管理站乌田、八宝有分布。用途与原变种相同。

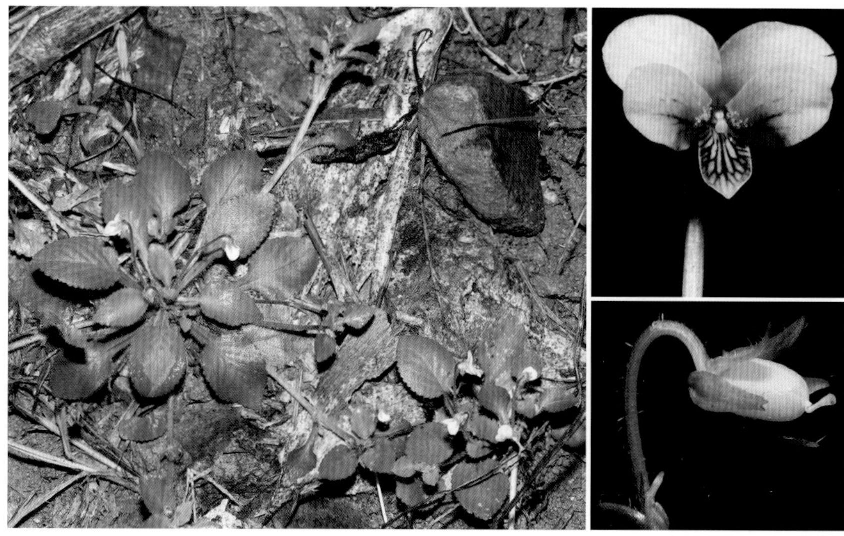

犁头草 堇菜科 堇菜属

■ *Viola japonica* Langsd.

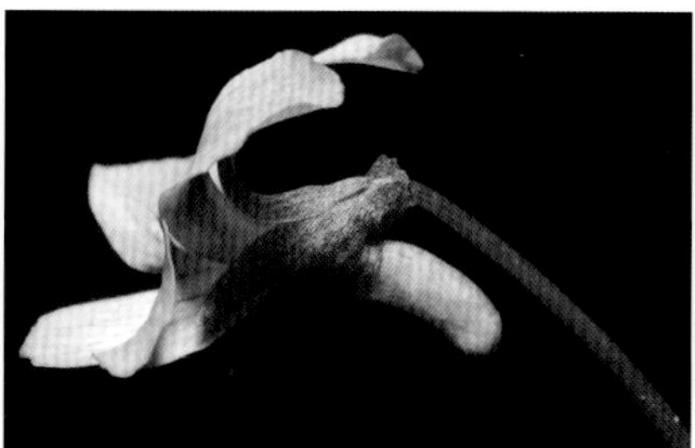

多年生草本。无茎。叶基生，多数；叶片卵形、阔卵形等，两面疏具绒毛，基部深心形或阔心形，边缘密具圆齿。花淡紫色。蒴果椭圆体形。花果期3—10月。前进管理站乌田有分布。

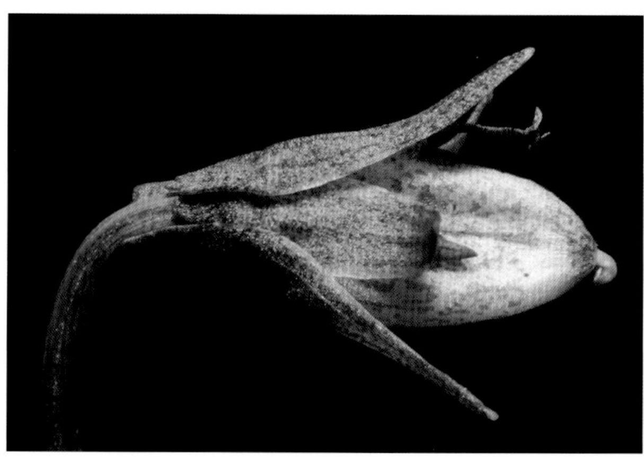

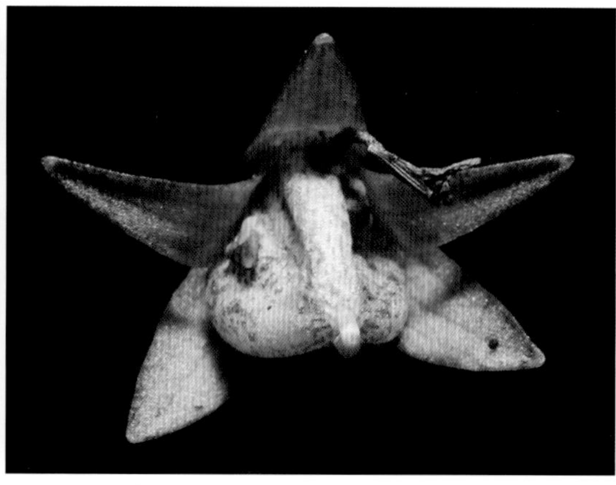

紫花地丁 堇菜科 堇菜属

Viola philippica Cav.

别名辽堇菜、野堇菜、光瓣堇菜。多年生草本。叶多数，基生，莲座状。花中等大，紫色或淡紫色，稀白色，喉部色较淡并带有紫色条纹；花梗通常多数细弱。子房卵形，无毛，花柱棍棒状，比子房稍长，基部稍膝曲，柱头三角形，两侧及后方稍增厚成微隆起的缘边，前方具短喙。蒴果长圆形。花果期4—9月。前进、锦潭、横石塘、云岭、沙口管理站均有分布。全草可入药，具有清热解毒，凉血消肿的功效。嫩叶可作野菜。可作早春观赏花卉。

42. 远志科 Polygalaceae

曲江远志 远志科 远志属

■ *Polygala koi* Merr.

亚灌木。单叶互生，叶片多少肉质，椭圆形，先端钝或近圆形，具短尖头，基部楔形或近圆形，全缘，背面淡绿色带紫。总状花序顶生，花序轴被短绒毛，花多而密；萼片5枚，花后脱落；花瓣3片，紫红色；雄蕊8枚，花丝5/7以下合生成鞘；子房圆形，具翅，基部具花盘，花柱顶端喇叭状2浅裂。蒴果圆形，具翅。花期3月，果期4月。前进、锦潭、横石塘管理站前进、联山、石门台有分布。全草可入药，治疗咳嗽、咽喉肿痛、小儿疳积等。

密花远志 远志科 远志属

■ *Polygala tricornis* Gagnep.

别名多花远志、胖树根。灌木。单叶互生，叶片膜质至薄纸质，线状披针形等，先端渐尖，具短尖头，全缘。总状花序密生于枝条顶部，顶生或腋生；花密集；萼片5枚，花后脱落；花瓣3片，白色带紫至粉红色；雄蕊8枚，花丝3/4以下合生成鞘，并与花瓣贴生；子房倒卵形，具翅，基部具环状花盘。蒴果四方状圆形，具阔翅。花期3月，果期4—5月。锦潭管理站八宝有分布。根可入药，治疗身体虚弱。

45. 景天科 Crassulaceae

东南景天 景天科 景天属

■ *Sedum alfredii* Hance

又名石板菜。多年生草本。叶互生，下部叶常脱落，上部叶常聚生，线状楔形、匙形等，先端钝，偶微缺，基部狭楔形，有距，全缘。聚伞花序多花；花无梗，萼片5枚，线状匙形，基部有距；花瓣5片，黄色，披针形至披针状长圆形，有短尖，基部稍合生；雄蕊10枚，鳞片5枚，匙状正方形，先端钝截形；心皮5枚，卵状披针形，直立，基部合生。蓇葖斜叉开。花期4—5月，果期6—8月。前进、锦潭、横石塘、云岭、沙口管理站均有分布。

48. 茅膏菜科 Droseraceae

匙叶茅膏菜 茅膏菜科 茅膏菜属

■ *Drosera spathulata* Labill.

别名小毛毡苔。草本。叶莲座状密集，紧贴地面；叶片倒卵形等，叶缘密被长腺毛。螺状聚伞花序花葶状，1～2条，幼时上部拳卷，花时上升；花序柄、花柄和萼同被细绒毛状头状腺毛；花萼钟形，5裂；花瓣5片，倒卵形，紫红色；雄蕊5枚，花丝扁平，花药长圆形；子房椭圆球形，花柱3～4个，每个2深裂至基部，中部以上再作1～2裂，顶端常2浅裂。蒴果，倒三角形。花果期3—9月。前进、锦潭、横石塘、云岭、沙口管理站均有分布。

53. 石竹科 Caryophyllaceae

簇生卷耳 石竹科 卷耳属

■ *Cerastium fontanum* subsp. *triviale* (Link) Jalas

草本。基生叶叶片近匙形等，两面被短绒毛；茎生叶近无柄，叶片卵形等，顶端急尖或钝尖，两面被短绒毛，边缘具缘毛。聚伞花序顶生；萼片5枚，外面密被长腺毛，边缘中部以上膜质；花瓣5片，白色，倒卵状长圆形，顶端2浅裂，基部渐狭；雄蕊短于花瓣；花柱5枚，短线形。蒴果圆柱形，顶端10齿裂。花期5—6月，果期6—7月。前进、锦潭、横石塘、云岭、沙口管理站均有分布。

牛繁缕 石竹科 鹅肠菜属

■ *Myosoton aquaticum* (L.) Moench

又名鹅肠菜。二年生或多年生草本。叶片卵形或宽卵形，顶端急尖，基部稍心形。顶生二歧聚伞花序；花梗密被腺毛；萼片外面被腺绒毛；花瓣白色，2深裂至基部；雄蕊10枚，稍短于花瓣；子房长圆形，花柱短，线形。蒴果卵圆形。花期5—8月，果期6—9月。前进、锦潭、横石塘、云岭、沙口管理站均有分布。全草可入药，具有祛风解毒的功效；幼苗可作野菜和饲料。

57. 蓼科 Polygonaceae

金线草 蓼科 金线草属

■ *Antenoron filiforme* (Thunb.) Rob. et Vaut.

多年生草本。叶椭圆形或长椭圆形，顶端短渐尖或急尖，基部楔形，全缘，两面均具粗糙伏毛；叶柄具粗糙伏毛；托叶鞘筒状，膜质，褐色，具短缘毛。总状花序呈穗状，常数个顶生或腋生；花被4深裂，红色，花被片卵形，结果时稍增大；雄蕊5枚；花柱2枚，结果时伸长，硬化，顶端呈钩状，宿存，伸出花被之外。瘦果卵形，双凸镜状，包于宿存花被内。花期7—8月，果期9—10月。前进、锦潭、横石塘、云岭、沙口管理站均有分布。

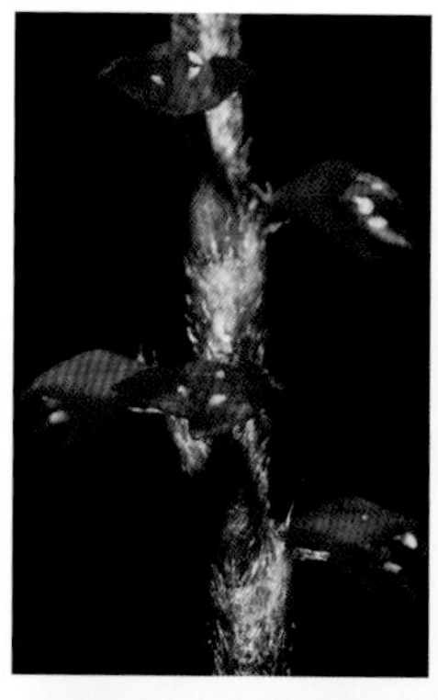

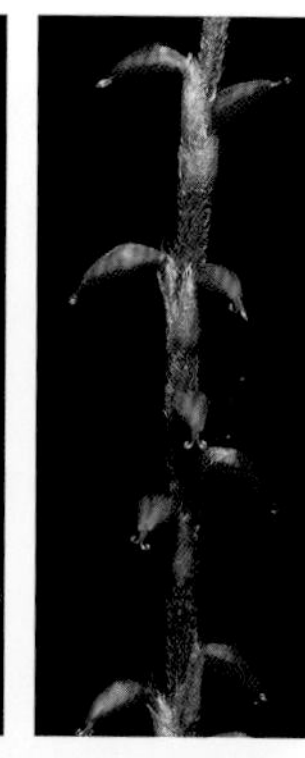

金荞麦 蓼科 荞麦属

■ *Fagopyrum dibotrys* (D. Don) Hara

多年生草本。叶三角形，顶端渐尖，基部近戟形，边缘全缘；托叶鞘筒状，膜质，褐色，偏斜，顶端截形，无缘毛。花序伞房状，顶生或腋生；苞片卵状披针形，顶端尖，边缘膜质，每苞内具2～4朵花；花梗中部具关节；花被5深裂，白色，雄蕊8枚，花柱3枚，柱头头状。瘦果宽卵形，具3条锐棱，黑褐色。花期7—9月，果期8—10月。锦潭、横石塘、云岭、沙口管理站均有分布。块根可入药，具有清热解毒、排脓去瘀的功效。国家Ⅱ级重点保护野生植物。

长箭叶蓼 蓼科 蓼属

■ *Polygonum hastatosagittatum* Mak.

一年生草本。叶披针形或椭圆形，顶端急尖或近渐尖，基部箭形或近戟形，上面无毛或被短绒毛；叶柄具倒生皮刺；托叶鞘筒状，膜质，顶端截形，具长缘毛。总状花序呈短穗状，顶生或腋生，花序梗密被短绒毛及腺毛；花梗密被腺毛；花被5深裂，淡红色，花被片宽椭圆形；雄蕊7～8枚，花柱3枚，中下部合生；柱头头状。瘦果卵形，具3条棱。花期8—9月，果期9—10月。锦潭、横石塘、云岭、沙口管理站均有分布。

愉悦蓼 蓼科 蓼属

■ *Polygonum jucundum* Meisn.

一年生草本。叶椭圆状披针形，顶端渐尖，基部楔形，边缘全缘，具短缘毛；托叶鞘膜质，淡褐色，筒状，疏生硬伏毛，顶端截形。总状花序呈穗状，顶生或腋生，花排列紧密；花梗明显比苞片长；花被5深裂；雄蕊7~8枚；花柱3枚，下部合生，柱头头状。瘦果卵形，具3条棱。花期8—9月，果期9—11月。锦潭、横石塘、云岭、沙口管理站均有分布。

草血竭 蓼科 蓼属

■ *Polygonum paleaceum* Wall. ex HK. f.

多年生草本。基生叶革质，狭长圆形等，顶急尖或微渐尖，基部楔形，全缘，两面无毛；茎生叶披针形，较小，具短柄；托叶鞘筒状膜质，下部绿色，上部褐色，开裂；无缘毛。总状花序呈穗状，紧密；花梗细弱，开展，比苞片长；花被5深裂；花被片椭圆形，淡红色或白色，雄蕊8枚；花柱3枚，柱头头状。瘦果卵形，具3条锐棱。花期7—8月，果期9—10月。锦潭管理站联山有分布。根状茎可入药，具有止血止痛、收敛止泻的功效。

63. 苋科 Amaranthaceae

白花苋 苋科 白花苋属

■ *Aerva sanguinolenta* (L.) Blume

别名白牛膝、绢毛苋。多年生草本。叶对生或互生，卵状椭圆形等，顶端急尖，具凸尖，基部楔形，两面有绒毛，具缘毛；叶柄有绒毛。穗状花序腋生及顶生，再成顶生圆锥花序；花被片白色或粉红色。花多数，密生；花序苞片、小苞片及花被片外面均有白色绵毛，毛较多。胞果卵形，无毛。花果期9—10月。锦潭管理站八宝有分布。根及花可入药，生用破血、利湿，炒用补肝肾、强筋骨。

64. 落葵科 Basellaceae

落葵薯 落葵科 落葵薯属

■ *Anredera cordifolia* (Tenore) Steenis

别名马德拉藤、藤三七。缠绕藤本。叶片卵形等，顶端急尖，基部圆形或心形，腋生小块茎（珠芽）。总状花序具多花，花序轴纤细，下垂；花被片白色，渐变黑，开花时张开；雄蕊白色，花丝顶端在芽中反折，开花时伸出花外；花柱白色，分裂成3个柱头臂，每臂具1个棍棒状或宽椭圆形柱头。花期6—10月，果实、种子未见。原产南美热带地区。逸为野生，锦潭、横石塘管理站八宝、石门台有分布。用珠芽繁殖。珠芽、叶及根可入药，具有滋补、壮腰膝、消肿散瘀的功效。已列入中国外来入侵植物名单。

69. 酢浆草科 Oxalidaceae

阳桃 酢浆草科 阳桃属

■ *Averrhoa carambola* L.

别名杨桃、五敛子、五棱果、五稔、洋桃。乔木。奇数羽状复叶，互生；小叶5～13片，全缘，卵形等，顶端渐尖，基部圆形，一侧歪斜。花小，数朵至多朵组成聚伞花序或圆锥花序；萼片5枚，花瓣背面淡紫红色；雄蕊5～10枚；子房5室，花柱5枚。浆果肉质，下垂，有5条棱，横切面呈星芒状。花期4—12月，果期7—12月。原产马来西亚、印尼。前进、锦潭、横石塘、云岭、沙口管理站均有栽培。果可食用；根、皮、叶可入药，具有止痛、止血的功效。

71. 凤仙花科 Balsaminaceae

瑶山凤仙花 凤仙花科 凤仙花属

■ *Impatiens macrovexilla* var. *yaoshanensis* S. X. Yu, Y. L. Chen et H. N. Qin

一年生草本。叶互生，卵圆形或卵状矩圆形，基部楔状下延，常具2个球形腺体，边缘具圆齿状齿，齿端微凹，具小尖。总花梗单生于上部叶腋，具2朵花，稀单花。花紫色，侧生萼片2枚，绿色；旗瓣大，扁圆形或肾形；翼瓣无柄，2裂，基部裂片长圆形，顶端圆，上部裂片斧形，全缘；子房纺锤状，直立，顶端具5～6小齿裂。蒴果长圆形，顶端具3～5齿裂。花期9—10月，果期10—12月。锦潭、沙口管理站联山、石坑有分布。

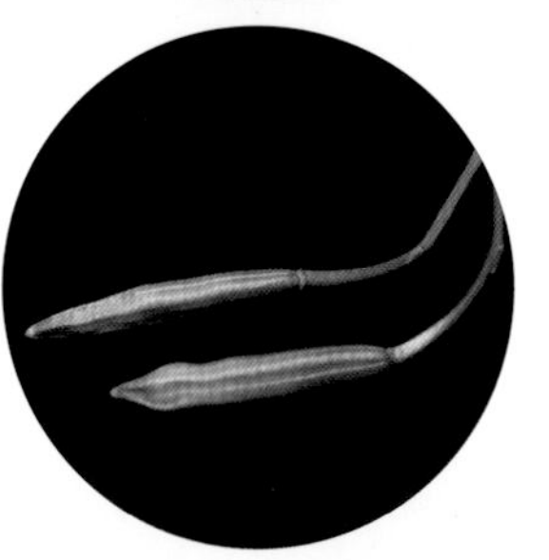

72. 千屈菜科 Lythraceae

紫薇 千屈菜科 紫薇属

■ *Lagerstroemia indica* L.

别名痒痒花、痒痒树、紫兰花。落叶灌木或小乔木。叶互生或偶对生，纸质，椭圆形、阔矩圆形等，顶端短尖或钝，有时微凹，基部阔楔形或近圆形。花淡红色或紫色、白色，组成顶生圆锥花序；花瓣6片，皱缩，具长爪；雄蕊36~42枚；子房3~6室，无毛。蒴果椭圆状球形或阔椭圆形，熟时紫黑色。花期6—9月，果期9—12月。横石塘、云岭管理站石门台、新岭有分布。可作庭园观赏树种，可材用，根树皮、叶、花入药为强泻剂。

南紫薇 千屈菜科 紫薇属

■ *Lagerstroemia subcostata* Koehne

别名蚊仔花、苞饭花。落叶乔木或灌木。叶矩圆形，矩圆状披针形，稀卵形，顶端渐尖，基部阔楔形；叶柄短。花小，白色或玫瑰色，组成顶生圆锥花序，花密生；花萼有10～12条棱，5裂，裂片三角形，直立；花瓣6片，皱缩，有爪；雄蕊15～30枚，着生于萼片或花瓣上，花丝细长；子房无毛，5～6室。蒴果椭圆形，3～6瓣裂。花期6—8月，果期7—10月。锦潭管理站八宝有分布。可材用，花可入药，具有去毒消瘀的功效。

77. 柳叶菜科 Onagraceae

柳叶菜 柳叶菜科 柳叶菜属

■ *Epilobium hirsutum* L.

别名水朝阳花、鸡脚参。多年生粗壮草本。叶对生，茎上部互生，无柄，多少抱茎；茎生叶披针状椭圆形等，先端锐尖至渐尖，基部近楔形，边缘具细锯齿，两面被长绒毛。总状花序直立。花直立；子房密被长绒毛与短腺毛；萼片长圆状线形，被毛；花瓣玫瑰红色等，宽倒心形；柱头白色，4深裂。蒴果被毛同子房。花期6—8月，果期7—9月。前进管理站前进有分布。嫩苗、嫩叶可作凉菜；根或全草入药，可消炎止痛、祛风除湿。

81. 瑞香科 Thymelaeaceae

长柱瑞香 瑞香科 瑞香属

■ *Daphne championii* Benth.

别名野黄皮。常绿灌木。叶互生，近纸质，椭圆形等，先端钝或钝尖，基部宽楔形，边缘全缘；叶柄短，密被白色丝状长粗毛。花白色，常3～7朵组成头状花序，腋生或侧生；无花梗；花萼筒裂片4枚，广卵形，外面密被淡白色丝状绒毛；雄蕊8枚，2轮，生于花萼筒的中部以上；花盘一侧发达；子房椭圆形，无柄或几乎无柄，密被白色丝状粗毛。果实未见。花期2—4月，果期5—8月。前进、锦潭、横石塘、云岭、沙口管理站均有分布。茎皮纤维可造纸或人造棉。

白瑞香 瑞香科 瑞香属

■ *Daphne papyracea* Wall. ex Steud.

常绿灌木。叶互生，密集于小枝顶端，膜质或纸质，长椭圆形等，先端钝或渐尖，基部楔形，边缘全缘。花白色，多簇生于小枝顶端成头状花序；花序梗短，与花梗密被黄绿色丝状毛；花萼筒漏斗状，外面具淡黄色丝状绒毛，裂片4枚；雄蕊8枚，2轮，花丝短，花药1/3伸出喉部外；子房圆柱形，具子房柄，柱头头状。浆果，熟时红色，卵形或倒梨形。花期1月，果期3—5月。锦潭管理站联山有分布。

84. 山龙眼科 Proteaceae

广东山龙眼 山龙眼科 山龙眼属

■ *Helicia kwangtungensis* W. T. Wang

别名瓜络木。乔木。叶坚纸质或革质，长圆形等，顶端短渐尖，稀圆钝，基部楔形，上半部叶缘具疏生浅锯齿或细齿。总状花序，1~2个腋生，花序轴和花梗密被褐色短毛；花梗常双生；苞片狭三角形，被绒毛；花被管具疏绒毛或近无毛；腺体4个，卵球形；子房无毛。果近球形，顶端具短尖，紫黑色或黑色。花期6—7月，果期10—12月。锦潭管理站长江有分布。可材用，种子煮熟经漂浸1~2天可食用。

88. 海桐花科 Pittosporaceae

光叶海桐 海桐花科 海桐花属

■ *Pittosporum glabratum* Lindl.

别名长果满天香。常绿灌木。叶聚生于枝顶，薄革质，二年生，窄矩圆形，或为倒披针形，先端尖锐，基部楔形，上面绿色，发亮，下面淡绿色，无毛，侧脉5～8对。花序伞形，1～4枝簇生于枝顶叶腋，多花；萼片卵形，常有睫毛；花瓣分离，倒披针形；子房长卵形，绝对无毛，柱头略增大。蒴果椭圆形，3片裂开，果片薄，革质；果梗有宿存花柱。花期4—5月，果期6—9月。沙口管理站石坑有分布。根供药用，有镇痛的功效。

93. 大风子科 Flacourtiaceae

山桂花 大风子科 山桂花属

■ *Bennettiodendron leprosipes* (Clos) Merr.

常绿小乔木。叶互生，近革质，倒卵状长圆形等，先端短渐尖，基部渐狭，边缘有粗齿；叶柄无毛。圆锥花序顶生，幼时被黄棕色毛；萼片为卵形，顶端圆，有缘毛；雄花有多数雄蕊，花丝有毛，伸出花冠；雌花子房长圆形，无毛，两端尖，花柱常3枚，柱头长圆形。浆果熟时红色至黄红色，球形；种子1～2粒，扁圆形或球形。花期3月，果期7—12月。前进、锦潭管理站乌田、八宝有分布。

柞木 大风子科 柞木属

■ *Xylosma racemosum* (Sieb. et Zucc.) Miq.

别名凿子树、蒙子树、葫芦刺、红心刺。常绿大灌木或小乔木。幼时有枝刺，结果株无刺。叶薄革质，菱状椭圆形，先端渐尖，基部楔形或圆形，边缘有锯齿。花小，总状花序腋生；花萼4～6枚，卵形；花瓣缺；雄花有多数雄蕊，花丝细长；雌花的萼片与雄花同；子房椭圆形，花柱短，柱头2裂。浆果黑色，球形，顶端有宿存花柱。花期10月，果期10—12月。前进、锦潭管理站乌田、八宝有分布。可材用，叶、刺可入药，种子含油，可作绿化观赏植物和蜜源植物。

94. 天料木科 Samydaceae

天料木 天料木科 天料木属

■ *Homalium cochinchinense* (Lour.) Druce

小乔木或灌木。叶纸质，宽椭圆状长圆形等，先端急尖，基部楔形，边缘有疏钝齿；叶柄短。花多数，单个或簇生排成总状，总状花序有时略有分枝；花梗丝状，被开展黄色短绒毛；花萼筒陀螺状，被开展疏绒毛；萼片线形，边缘有睫毛；花瓣匙形，边缘有睫毛；花丝长于花瓣；花盘腺体近方形，有毛；子房有毛，花柱通常3枚。蒴果倒圆锥状。花期5月，果期5—6月。前进、锦潭、横石塘、云岭、沙口管理站均有分布。可材用。

103. 葫芦科 Cucurbitaceae

绞股蓝 葫芦科 绞股蓝属

■ *Gynostemma pentaphyllum* (Thunb.) Makino

草质攀援植物。叶膜质，鸟足状，具3～9片小叶，常5～7片小叶；小叶卵状长圆形，先端急尖，基部渐狭，边缘具波状齿。卷须纤细，二歧，稀单一。花雌雄异株。雄花圆锥花序；花萼筒极短，5裂；花冠淡白绿色，5深裂；雄蕊5枚，花丝短。雌花圆锥花序，花萼及花冠似雄花；子房球形，花柱3枚，柱头2裂。果实球形，熟后黑色。花期3—11月，果期4—12月。前进、锦潭、横石塘、云岭、沙口管理站均有分布。全草可入药，具有消炎解毒、止咳祛痰的功效。

木鳖子 葫芦科 苦瓜属

■ *Momordica cochinchinensis* (Lour.) Spreng.

别名糯饭果、老鼠拉冬瓜。粗壮大藤本。叶柄基部或中部有2～4个腺体；叶片卵状心形，3～5中裂，叶脉掌状。卷须颇粗壮，光滑无毛，不分歧。花雌雄异株。雄花单生于叶腋或有时3～4朵生于极短总状花序轴上；花萼筒漏斗状；花冠黄色，基部有齿状黄色腺体；雄蕊3枚。雌花单生于叶腋；花冠、花萼同雄花；子房卵状长圆形，密生刺状毛。果实卵球形，熟时红色。花期6—8月，果期8—10月。锦潭管理站八宝有分布。种子、根和叶可入药，具有消肿、解毒止痛的功效。

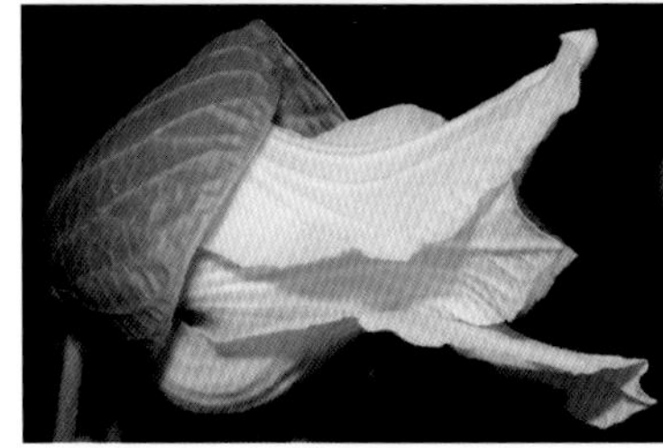

爪哇帽儿瓜 葫芦科 马㼎儿属

■ *Mukia javanica* (Miq.) C. Jeffrey

一年生攀援草本。叶常3～5裂，中间裂片较长，卵状三角形，先端渐尖，边缘具小齿，基部心形；卷须纤细，不分歧。花雌雄同株。雄花2至数朵簇生在叶腋；花萼筒杯状；花冠黄色，上面被长绒毛状的硬毛；雄蕊3枚。雌花簇生在具雄花的叶腋；花萼筒杯状；子房长卵形，密被硬毛，花柱短，顶端3裂；退化雄蕊腺体状。果梗极短，密被硬毛；果实长圆形，熟时深红色。花期4—7月，果期7—10月。锦潭管理站八宝有分布。

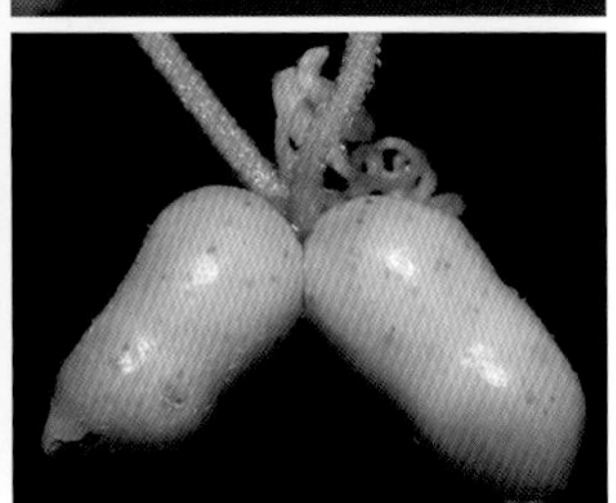

南赤爬 葫芦科 赤爬属

■ *Thladiantha nudiflora* Hemsl. ex Forbes et Hemsl.

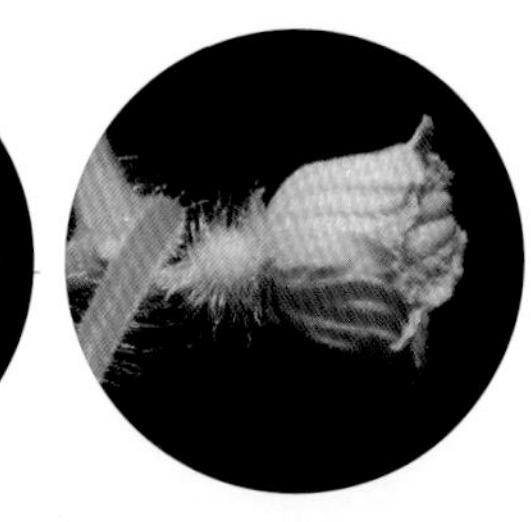

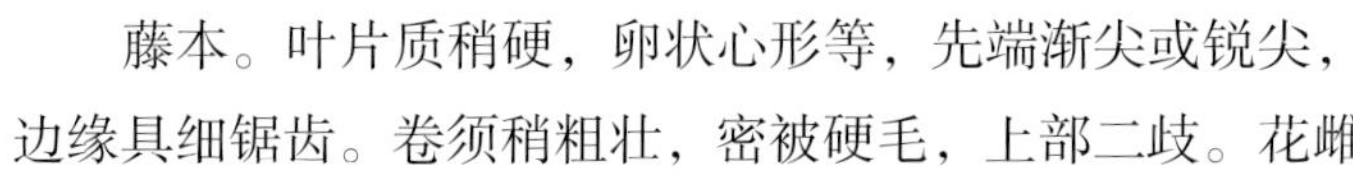

藤本。叶片质稍硬，卵状心形等，先端渐尖或锐尖，边缘具细锯齿。卷须稍粗壮，密被硬毛，上部二歧。花雌雄异株。雄花为总状花序，花序轴纤细；花萼密生淡黄色长绒毛；花冠黄色，5脉；雄蕊5枚，生于花萼筒的檐部。雌花单生；花萼和花冠同雄花；子房狭长圆形，花柱粗短，3裂，柱头膨大；退化雄蕊5枚，棒状。果实长圆形，干后呈红色或红褐色。春季、夏季开花，秋季果成熟。前进、锦潭、横石塘、云岭、沙口管理站均有分布。

王瓜 葫芦科 栝楼属

■ *Trichosanthes cucumeroides* (Ser.) Maxim.

多年生攀援藤本。叶纸质，轮廓阔卵形或圆形，常3～5浅裂至深裂（偶不裂），先端钝或渐尖，边缘具细齿或波状齿，叶基深心形，基出掌状脉5～7条。卷须二歧，被短绒毛。花雌雄异株。雄花组成总状花序；花萼筒喇叭形，被短茸毛；花冠白色，具极长的丝状流苏。雌花单生，子房长圆形，密被短绒毛。果实卵圆形等，熟时呈橙红色；果柄被短绒毛。花期8—9月，果期8—11月。锦潭管理站八宝有分布。

栝楼 葫芦科 栝楼属

■ *Trichosanthes kirilowii* Maxim.

别名瓜蒌、瓜楼、药瓜。攀援藤本。叶纸质，轮廓近圆形，常3~7浅裂至中裂，叶基心形，基出掌状脉5条。卷须3~7歧。花雌雄异株。雄总状花序单生，或与一单花并生，总状花序粗壮，顶端有5~8朵花；花萼筒筒状；花冠白色，被绒毛。雌花单生，花梗被短绒毛；花萼筒圆筒形，裂片和花冠同雄花；子房椭圆形，柱头3个。果实椭圆形或圆形，熟时黄褐色。花期5—8月，果期8—10月。锦潭、横石塘、云岭、沙口管理站均有分布。根、果实、果皮和种子可入药，根具有清热生津、解毒消肿的功效，果实、种子和果皮具有清热化痰、润肺止咳、滑肠的功效。

红花栝楼 葫芦科 栝楼属

■ *Trichosanthes rubriflos* Thorel ex Cayla

大草质攀援藤本。叶纸质，阔卵形等，长、宽几相等，3~7掌状深裂，叶基阔心形，基出掌状脉5~7条。卷须3~5歧。花雌雄异株。雄总状花序粗壮，中部以上有6~14朵花。花梗直立；花萼筒红色；花冠粉红色至红色，边缘具流苏。雌花单生；花萼筒筒状，裂片和花冠同雄花；子房卵形，无毛。果实阔卵形或球形，熟时呈红色，顶端具短喙。果梗粗壮，被短绒毛。花期5—11月，果期8—12月。锦潭、横石塘管理站八宝、建山有分布。

钮子瓜 葫芦科 马㼎儿属

■ *Zehneria maysorensis* (Wight et Arn.) Arn.

草质藤本。叶膜质，宽卵形等，先端急尖，基部弯缺半圆形，稀近截平，边缘有齿，不裂或有时3～5浅裂，脉掌状。卷须丝状，单一。花雌雄同株。雄花常3～9朵生于总梗顶端，呈近头状或伞房状花序；花萼筒宽钟状；花冠白色；雄蕊3枚，其中2枚2室，1枚1室，有时全为2室。雌花单生；子房卵形。果实球状或卵状，浆果状。花期4—8月，果期8—11月。前进、沙口管理站前进、石坑有分布。

104. 秋海棠科 Begoniaceae

癞叶秋海棠 秋海棠科 秋海棠属

Begonia leprosa Hance

别名团扇秋海棠、老虎耳、石上海棠。多年生草本。叶基生，具柄；叶片两侧极不相等，轮廓近圆形，先端圆钝或急尖，基部偏斜，心形，宽侧呈圆耳锤状，掌状脉5～7条，直达叶缘。花白色或粉红色，2～7朵。雄花花被片4枚；雄蕊多数，离生。雌花花被片4枚；子房长圆形；花柱3枚，离生，中部以上分枝。蒴果下垂，纺锤状。花期9月，果期10月开始。前进、锦潭管理站乌田、八宝有分布。

108. 山茶科 Theaceae

两广杨桐 山茶科 杨桐属

■ *Adinandra glischroloma* Hand.-Mazz.

别名睫毛杨桐、两广黄瑞木、亮叶杨桐、毛杨桐。灌木或小乔木。叶互生，革质，长圆状椭圆形，顶端渐尖或尖，基部楔形或近圆形，边全缘，下面密被锈褐色长刚毛；叶柄密被长刚毛。花常2～3朵，稀单朵生于叶腋；萼片5枚；花瓣5片，白色；雄蕊约25枚，花丝无毛；子房卵形。果圆球形，熟时黑色。花期5—6月，果期9—10月。前进、锦潭、横石塘、云岭、沙口管理站均有分布。

尖连蕊茶 山茶科 山茶属

■ *Camellia cuspidata* (Kochs) Wright ex Gard.

别名尖叶山茶。灌木。叶革质，卵状披针形等，先端渐尖，基部楔形或略圆；侧脉6~7对；边缘密具细锯齿。花单独顶生；花萼杯状，萼片5枚；花冠白色；花瓣6~7片，基部连生并与雄蕊的花丝贴生；雄蕊比花瓣短，无毛，外轮雄蕊只在基部和花瓣合生；子房无毛，花柱无毛。蒴果圆球形，有宿存苞片和萼片。花期11—12月，果期翌年10—11月。横石塘管理站石门台有分布。

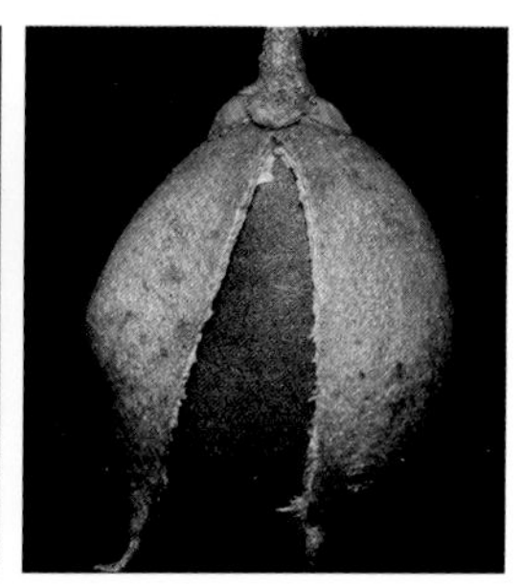

柳叶毛蕊茶 山茶科 山茶属

■ *Camellia salicifolia* Champ.

别名柳叶山茶。灌木至小乔木。叶薄纸质，披针形，先端尾状渐尖，基部圆形，叶上面沿中脉有绒毛，下面有长丝毛，侧脉6~8对，边缘密生细锯齿。花顶生及腋生，花柄被长丝毛；萼片5枚，不等长，密生长丝毛。花冠白色；花瓣5~6片，基部与雄蕊连生；雄蕊花丝管长为雄蕊的2/3，分离花丝有长毛；子房有长丝毛，花柱有毛，先端3浅裂。蒴果圆球形或卵圆形。花期1月，果期5—8月。锦潭管理站鲤鱼有分布。

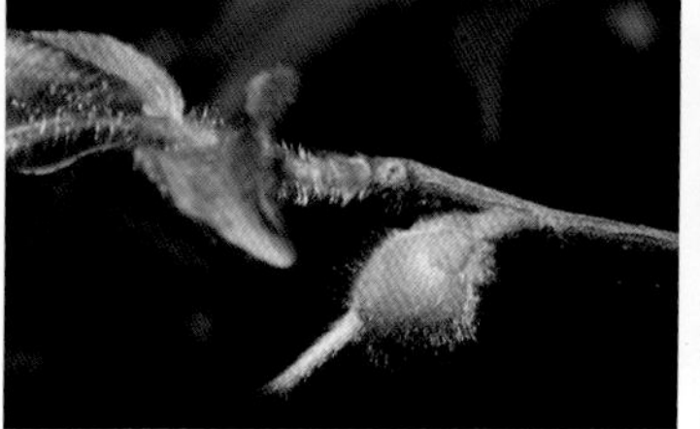

南山茶 山茶科 山茶属

■ *Camellia semiserrata* Chi

别名广宁红花油茶、红花油茶。小乔木。叶椭圆形等，先端急尖，基部阔楔形，边缘上半部或1/3处有疏而锐利的锯齿。花顶生，红色，无柄；苞片及萼片11枚，花开后脱落；花瓣6～7片，红色，基部连生；雄蕊排成5轮，外轮花丝下部2/3连生；子房被毛，花柱顶端3～5浅裂。蒴果卵球形，3～5室，表面红色，平滑。花期1月，果期4—11月。锦潭、横石塘管理站联山、石门台有分布。可作绿化观赏物植，根、花可入药。

红淡比 山茶科 红淡比属

■ *Cleyera japonica* Thunb.

灌木或小乔木。全株无毛；叶革质，长圆形等，顶端渐尖，基部楔形，全缘。花常2～4朵腋生；苞片2枚，早落；萼片5枚，卵圆形或圆形，顶端圆，边缘有纤毛；花瓣5片，白色，倒卵状长圆形；雄蕊25～30枚，花药卵形或长卵形，有丝毛，花丝无毛，药隔顶端有小尖头；子房圆球形，无毛，2室，花柱顶端2浅裂。果实圆球形，熟时紫黑色。花期5—6月，果期10—11月。锦潭管理站联山有分布。

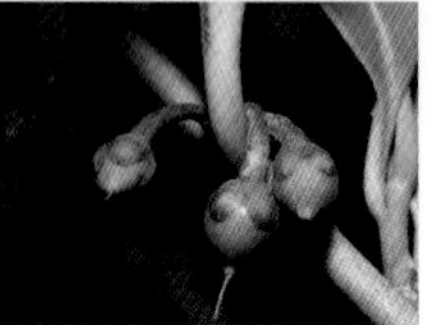

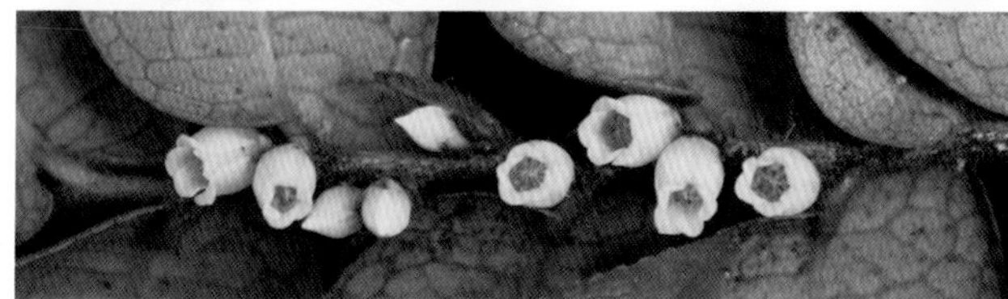

耳叶柃 山茶科 柃亚属

■ *Eurya auriformis* H. T. Chang

灌木。嫩枝密被黄褐色披散绒毛。叶革质，卵状披针形，顶端钝或圆，基部耳形抱茎，边全缘，下面密被长绒毛；叶柄极短或无。花1～2朵生于叶腋；雄花萼片5枚；花瓣5片，白色，长圆形；雄蕊10～11枚，花药具4～5分格，退化子房密被绒毛。雌花萼片与雄花同，但较小；花瓣5片，披针形；子房圆球形，3室，密被绒毛，花柱顶端3裂。果实圆球形，被绒毛。花期10—11月，果期12月至翌年5月。锦潭管理站八宝有分布。

腺柃 山茶科 柃木属

■ *Eurya glandulosa* Merr.

灌木。嫩枝圆柱形，密被黄褐色开张绒毛。叶革质，长圆形，顶端略尖，尖头钝，基部心形，两侧近相等，多少抱茎，边缘密生细锯齿，侧脉8～10对；叶柄短或几乎无柄，密被绒毛。雌花1～2朵腋生，花梗极短；萼片5枚，卵形，外面被褐色绒毛，边缘有腺状突起；花瓣5片，窄长圆形，基部合生；子房卵圆形或圆球形，3室，无毛，花柱顶端3裂。花期10—11月，果期12月至翌年6月。锦潭管理站联山有分布。

黑柃 山茶科 柃木属

■ *Eurya macartneyi* Champ.

灌木或小乔木。叶革质，长圆状椭圆形，顶端短渐尖，基部近钝形，几乎全缘，侧脉12 ~ 14对。花1 ~ 4朵簇生于叶腋，花梗无毛。雄花萼片5枚；花瓣5片；雄蕊17 ~ 24枚，花药不具分格。雌花萼片5枚，卵形，无毛；花瓣5片；子房卵圆形。果实圆球形，熟时呈黑色。花期11月至翌年1月，果期6—8月。前进、锦潭、横石塘、云岭、沙口管理站均有分布。

格药柃 山茶科 柃木属

■ *Eurya muricata* Dunn

灌木或小乔木。叶革质，长圆状椭圆形等，顶端渐尖，基部楔形，边缘有细钝锯齿。花1 ~ 5朵簇生于叶腋。雄花萼片5枚，革质；花瓣5片，白色；雄蕊15 ~ 22枚，花药具多分格。雌花萼片与雄花同；花瓣5片，白色；子房圆球形，3室，花柱顶端3裂。果实圆球形，熟时呈紫黑色。花期9—11月，果期翌年6—8月。锦潭管理站联山有分布。

长毛柃 山茶科 柃木属

Eurya patentipila Chun

灌木。叶革质，长圆状披针形等，顶端长渐尖，基部钝形，边缘有细锯齿，下面被贴伏绒毛，侧脉约20对；叶柄短，密被绒毛。花1～3朵腋生，花梗被绒毛。雄花萼片5枚，革质，卵形，外面密被绒毛；花瓣5片，长圆形；雄蕊15～19枚，花药具6～8分格；退化子房密被绒毛。雌花萼片和花瓣与雄花同，子房卵球形，密被绒毛，花柱顶端3裂，偶4裂。果实圆球形，密被长绒毛，熟时紫黑色。花期10—12月，果期翌年6—7月。锦潭管理站黄洞、联山有分布。

红褐柃 山茶科 柃木属

Eurya rubiginosa H. T. Chang

灌木。全株除萼片外均无毛。叶革质，卵状披针形等，顶端尖，基部圆形，偶近心形，边缘密生细锯齿；叶柄极短。花1～3朵簇生于叶腋。雄花萼片5枚，近圆形，质厚；花瓣5片，倒卵形；雄蕊约15枚，花药不具分格，退化子房无毛。雌花萼片与雄花同，但稍小；花瓣5片；子房卵圆形，3室，无毛，花柱顶端3裂。果实圆球形或近卵圆形，熟时紫黑色。花期10—11月，果期翌年4—5月。前进、锦潭、横石塘管理站前进、联山、石门台有分布。

毛折柄茶 山茶科 折柄茶属

■ *Hartia villosa* (Merr.) Merr.

乔木。叶片长圆形等，革质，先端急尖，基部圆形或钝形，初时两面均有绒毛，后秃净，侧脉10～16对，边缘有疏锯齿，叶柄有翅。花单生于叶腋，花柄被毛；苞片披针形，被毛；萼片卵状披针形，大小不等，被毛；花瓣黄白色；花丝下半部连生；子房圆锥形，被茸毛，花柱短。蒴果与萼片等长或稍短。花期6—7月，果期9—10月。锦潭、横石塘管理站长江、石门台有分布。

厚皮香 山茶科 厚皮香属

■ *Ternstroemia gymnanthera* (Wight et Arn.) Beddome

灌木或小乔木。叶革质，常聚生于枝端，椭圆形等，顶端短渐尖，尖头钝，基部楔形，边全缘。花两性或单性；两性花萼片5枚；花瓣5片，淡黄白色；雄蕊约50枚，长短不一，花药长圆形，远比花丝长，无毛；子房圆卵形，花柱短，顶端浅2裂。果实圆球形，小苞片和萼片均宿存，花柱宿存，顶端2浅裂。花期5—7月，果期8—10月。锦潭管理站八宝有分布。

厚叶厚皮香 山茶科 厚皮香属

■ *Ternstroemia kwangtungensis* Merr.

灌木或小乔木。叶互生，厚革质且肥厚，椭圆状卵圆形等，顶端急短尖等，基部阔楔形或钝形，边全缘，干后反卷，有时上半部疏生腺状齿突，下面密被红褐色或褐色腺点；叶柄粗壮。花单朵生于叶腋，杂性；雄花萼片5枚，边缘有腺状齿突，无毛；花瓣5片，白色，倒卵形或长圆状倒卵形；雄蕊多数，花药卵圆形；退化子房微小。果实扁球形，常3～4室，少5室，宿存花柱粗短，顶端3～4浅裂，少5浅裂，果梗粗壮。花期5月，果期8—10月。前进、锦潭管理站前进、联山有分布。

112. 猕猴桃科 Actinidiaceae

异色猕猴桃 猕猴桃科 猕猴桃属

■ *Actinidia callosa* var. *discolor* C.F.Liang

藤本。叶坚纸质，干后腹面褐黑色，背面灰黄色，椭圆形等，顶端急尖，基部阔楔形或钝形，边缘有粗钝或波状锯齿，两面洁净无毛，叶脉发达，中脉和侧脉背面极度隆起，圆线形；叶柄长度中等，无毛。花序和萼片两面均无毛。果较小，卵珠形或近球形。花期4月，果期8—11月。前进管理站乌田有分布。

毛花猕猴桃 猕猴桃科 猕猴桃属

■ *Actinidia eriantha* Benth.

别名毛冬瓜、毛花杨桃、白藤梨。落叶藤本。叶软纸质，卵形等，顶端短尖至短渐尖，基部圆形，边缘具硬尖小齿，侧脉7～10对，横脉发达，显著可见；叶柄短且粗，被与小枝上同样的毛。聚伞花序简单，1～3朵花；花萼片2～3枚，淡绿色，两面密被绒毛；花瓣顶端和边缘橙黄色，中央和基部桃红色，倒卵形；雄蕊极多；子房球形，密被白色绒毛。果柱状卵珠形，密被不脱落的乳白色绒毛。花期5—6月，果期11月。沙口管理站石坑有分布。

118. 桃金娘科 Myrtaceae

子楝树 桃金娘科 子楝树属

■ *Decaspermum gracilentum* (Hance) Merr. et Perry

灌木至小乔木。叶纸质或薄革质，椭圆形等，先端急锐尖或渐尖，基部楔形，初时两面有绒毛，下面有细小腺点。聚伞花序腋生，或短小的圆锥状花序，总梗有紧贴绒毛；花梗被毛；花白色，3基数，萼管被灰毛，萼片卵形，有睫毛；花瓣倒卵形，外面有微毛；雄蕊比花瓣略短。浆果有绒毛。花期5月，果期8—10月。锦潭管理站八宝有分布。

华南蒲桃 桃金娘科 蒲桃属

■ *Syzygium austrosinense* Chang et Miau

灌木至小乔木。叶革质，椭圆形，先端尖锐或稍钝，基部阔楔形，上面有腺点，下面腺点突起。聚伞花序顶生或近顶生；萼管倒圆锥形，萼片4枚，短三角形；花瓣分离，倒卵圆形。果球形。花期7月，果期9—10月。锦潭管理站长江有分布。

蒲桃 桃金娘科 蒲桃属

■ *Syzygium jambos* (L.) Alston

乔木。叶革质，披针形等，先端长渐尖，基部阔楔形，有边脉。聚伞花序顶生，有花数朵；花白色；萼管倒圆锥形，萼裂片4枚，半圆形；花瓣分离；花柱与雄蕊等长。果球形，熟时黄色。花期3—4月，果实5—6月成熟。锦潭、横石塘、云岭、沙口管理站均有分布。果可食。

广东蒲桃 桃金娘科 蒲桃属

■ *Syzygium kwangtungense* Merr. et Perry

小乔木。叶革质，椭圆形等，先端钝或略尖，基部阔楔形或钝形，下面有腺点，具边脉。圆锥花序近顶生，花序轴有棱；花短小，常3朵簇生；萼管倒圆锥形，萼裂片不明显；花瓣连合成帽状；花柱与雄蕊同长。果实球形。花期7月，果期10月。前进管理站更古有分布。

山蒲桃 桃金娘科 蒲桃属

■ *Syzygium levinei* Merr. et Perry

别名白车。常绿乔木。嫩枝圆形，有糠秕，干后灰白色。叶革质，椭圆形等，先端急锐尖，基部阔楔形，两面有细小腺点，有边脉。圆锥花序顶生和上部腋生，多花，花序轴多糠秕；花蕾倒卵形；花白色，有短梗；萼管倒圆锥形，萼裂片极短，有1个小尖头；花瓣4片，分离，圆形。果近球形。花期7月，果期9—11月。锦潭、沙口管理站长江、江溪有分布。

120. 野牡丹科 Melastomataceae

棱果花 野牡丹科 棱果花属

■ *Barthea barthei* (Hance) Krass.

别名芭茜、棱果木、大野牡丹、毛药花。灌木。叶坚纸质或近革质，椭圆形等，顶端渐尖，基部楔形，全缘或具细锯齿，基出脉5条。聚伞花序，顶生，有花3朵，常1朵成熟；花梗四棱形；花萼钟形，密被糠秕；花瓣白色至粉红色，上部偏斜；子房梨形，无毛，顶端无冠。蒴果长圆形，顶端平截，为宿存萼所包；宿存萼四棱形，棱上有狭翅，顶端常冠宿存萼片。花期11月至翌年3月，果期翌年1—5月。锦潭管理站联山有分布。

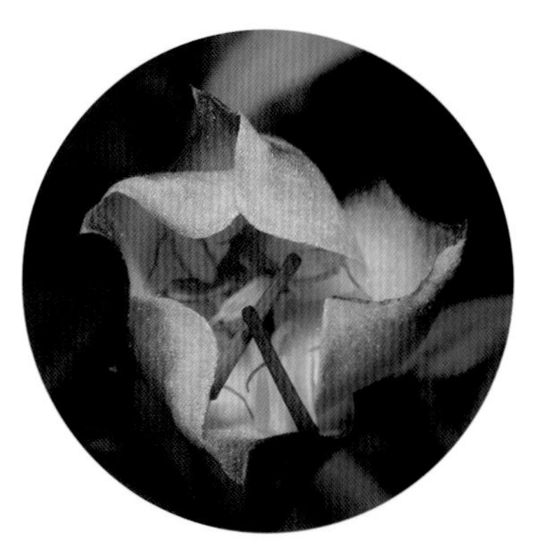

小叶野海棠 野牡丹科 野海棠属

■ *Bredia microphylla* H. L. Li

匍匐亚灌木或草本。叶坚纸质或近纸质，卵形等，顶端广急尖，基部广楔形至浅心形，全缘，被缘毛，5条基出脉；叶柄密被绒毛。聚伞花序，顶生，有花1～3朵；花梗与花萼密被绒毛及腺毛；花萼钟形、具4条棱；花瓣淡紫红色，长圆形，一侧略偏斜，顶端骤然急尖；雄蕊4长4短；子房半下位，卵形，4裂，边缘具缘毛。蒴果杯形、四棱形，顶端平截，为宿存萼所包。花果期9—10月。锦潭管理站联山有分布。

肥肉草 野牡丹科 异药花属

■ *Fordiophyton fordii* (Oliv.) Krass.

别名酸酒子、酸杆、福笛木、棱茎木、百花子。草本或亚灌木。叶膜质，常在同一节上的1对叶，广披针形至卵形，顶端渐尖，基部浅心形至圆形，边缘具细锯齿，齿尖具刺毛，基出脉5～7条；叶柄边缘具狭翅。聚伞花序组成圆锥花序，四棱形；花瓣白色带红等，顶端圆，具1个腺毛尖头，无毛；子房顶端具膜质冠，冠檐具缘毛。蒴果倒圆锥形，具4条棱，顶孔4裂，宿存萼与果同形，檐部缢缩。花期6—9月，果期8—11月。锦潭管理站联山有分布。

锦香草 野牡丹科 锦香草属

Phyllagathis cavaleriei (Levl. et Van.) Guillaum.

别名熊巴掌、熊巴耳、猫耳朵草、铺地毡。草本。叶纸质，广卵形等，顶端广急尖至近圆，有时微凹，基部心形，两面绿色或有时背面紫红色；叶柄密被长粗毛。伞形花序，顶生，总花梗被长粗毛；花萼漏斗形、四棱形；花瓣粉红色至紫色，广倒卵形；子房杯形，顶端具冠。蒴果杯形，顶端冠4裂；宿存萼具8条纵肋。花期6—8月，果期7—9月。锦潭、横石塘管理站联山、石门台有分布。全草可入药，治疗耳朵出脓；可作猪饲料。

楮头红 野牡丹科 肉穗草属

Sarcopyramis nepalensis Wall.

直立草本。叶膜质，广卵形或卵形等，顶端渐尖，基部楔形或近圆形，微下延，边缘具细锯齿，3～5条基出脉，叶面被疏糙伏毛；叶柄具狭翅。聚伞花序，生于分枝顶端，有花1～3朵，基部具2枚叶状苞片；花梗四棱形，棱上具狭翅；花萼四棱形，棱上有狭翅，裂片顶端平截，具流苏状长缘毛膜质的盘；花瓣粉红色，倒卵形，顶端平截，偏斜，另一侧具小尖头；雄蕊等长；子房顶端具膜质冠，冠缘浅波状，微4裂。蒴果杯形，具4条棱。花期8—10月，果期9—12月。锦潭、横石塘管理站联山、石门台有分布。全草可入药，具有清肝明目的功效。

翅茎蜂斗草 野牡丹科 蜂斗草属

Sonerila alata Chun et How ex C. Chen

亚灌木或草本。叶膜质或近纸质，卵形等，顶端急尖或短渐尖，基部圆形，一侧偏斜，边缘具细疏锯齿，齿尖有1刺毛，掌状脉6条；叶柄密被微绒毛。蝎尾状聚伞花序，生于分枝顶端，有花3～7朵；花萼管状漏斗形，顶端渐尖；花瓣呈粉红色，长卵形，顶端长渐尖；雄蕊3枚；子房瓶形，顶端具膜质冠。蒴果倒圆锥形，具3条棱，与宿存萼贴生；宿存萼无毛。花果期8—10月。前进、锦潭、横石塘、云岭、沙口管理站均有分布。

121. 使君子科 Combretaceae

风车子 使君子科 风车子属

Combretum alfredii Hance

多枝直立或攀援状灌木。叶对生或近对生，叶片长椭圆形等，先端渐尖，基部楔尖，稀钝圆，全缘。穗状花序腋生和顶生或组成圆锥花序，总轴被棕黄色的绒毛或鳞片；花萼钟状，外面有黄色而有光泽的鳞片和被粗毛，萼裂片4或5枚，三角形；花瓣呈黄白色，长倒卵形，基部渐狭成柄；雄蕊8枚，花丝长；子房圆柱状，稍四棱形，有鳞片，花柱圆柱状。果椭圆形，有4翅，熟时红色或紫红色。花期9月，果期10—12月。锦潭管理站八宝有分布。

126. 藤黄科（山竹子科）Guttiferae

薄叶红厚壳 藤黄科 红厚壳属

■ *Calophyllum membranaceum* Gardn. et Champ.

灌木至小乔木。叶薄革质，长圆形等，顶端渐尖，基部楔形，边缘反卷。聚伞花序腋生，有花1～5朵（常3朵）；花两性，白色略带浅红；花萼裂片4枚，外方2枚较小，近圆形，内方2枚较大，倒卵形；花瓣4片，倒卵形，等大；雄蕊多数，花丝基部合生成4束；子房卵球形，花柱细长。果卵状长圆球形，顶端具短尖头，熟时黄色。花期3—5月，果期8—12月。横石塘、云岭、沙口管理站石门台、水头、江溪有分布。根叶可入药，治疗跌打损伤、外伤出血。

128. 椴树科 Tiliaceae

黄麻 椴树科 黄麻属

■ *Corchorus capsularis* L.

直立木质草本。叶纸质，卵伏披针形等，先端渐尖，基部圆形，三出脉，边缘有粗锯齿；叶柄有绒毛。花单生或数朵排成腋生聚伞花序，花序柄及花柄短；萼片4～5枚；花瓣呈黄色，倒卵形，与萼片约等长；雄蕊18～22枚，离生；子房无毛，柱头浅裂。蒴果球形。花期夏季，果实秋后成熟。锦潭管理站长江有分布。茎皮纤维可作绳索及织制麻袋等，嫩叶可食用。

128A. 杜英科 Elaeocarpaceae

中华杜英 杜英科 杜英属

■ *Elaeocarpus chinensis* (Gardn. et Champ.) Hook. f. ex Benth.

常绿小乔木。叶薄革质，卵状披针形等，先端渐尖，基部圆形，下面有细小黑腺点，边缘有波状小钝齿。总状花序生于无叶的去年枝条上，花序轴有微毛；花两性或单性。两性花：萼片内外两面有微毛；花瓣5片，长圆形，不分裂，内面有稀疏微毛；雄蕊8～10枚，花丝极短；子房2室。雄蕊的萼片与花瓣和两性花的相同，雄蕊8～10枚，无退化子房。核果椭圆形。花期3月，果期5—11月。锦潭管理站鲤鱼有分布。

显脉杜英 杜英科 杜英属

Elaeocarpus dubius A. DC.

别名拟杜英。常绿乔木。叶聚生于枝顶，薄革质，长圆形或披针形，先端急短尖或渐尖，尖头钝，基部阔楔形或钝形，稍不等侧，边缘有钝齿。总状花序生于枝顶叶腋内，被灰白色短绒毛；花柄被毛；萼片5枚；花瓣5片，与萼片等长，长圆形，内外两面均有灰白色毛，先端1/3撕裂，裂片9～11枚；雄蕊20～23枚；花盘10裂，被毛；子房3室，被毛。核果椭圆形，无毛。花期3—4月，果期6—12月。锦潭、横石塘管理站鲤鱼、石门台有分布。

褐毛杜英 杜英科 杜英属

Elaeocarpus duclouxii Gagnep.

别名冬桃。常绿乔木。叶聚生于枝顶，革质，长圆形，先端急尖，基部楔形，上面深绿色，侧脉8～10对，边缘有小钝齿；叶柄被褐色毛。总状花序生于无叶的去年枝条上，被褐色毛；花柄被毛；萼片5枚，两面有绒毛；花瓣5片，稍超出萼片，上半部撕裂，裂片10～12枚；雄蕊28～30枚，花丝极短，花药顶端无芒刺；花盘5裂，被毛；子房3室，被毛，花柱基部有毛。核果椭圆形。花期6月，果期10月至翌年3月。前进、锦潭管理站前进、联山有分布。

日本杜英 杜英科 杜英属

■ *Elaeocarpus japonicus* Sieb. et Zucc.

别名薯豆。乔木。叶革质，常卵形，先端尖锐，尖头钝，基部圆形或钝形，下面有多数细小黑腺点；边缘有疏锯齿。总状花序生于当年枝叶腋，花序轴有短绒毛；花柄被微毛；花两性或单性。两性花：萼片5枚，两面有毛；花瓣长圆形，与萼片等长；雄蕊15枚，花丝极短，花药有微毛，顶端无附属物；花盘10裂，连合成环；子房有毛，花柱有毛。雄花：萼片5~6枚，花瓣5~6片，两面均被毛；雄蕊9~14枚。核果椭圆形。花期5月，果期6—10月。前进、锦潭、横石塘、云岭、沙口管理站均有分布。可材用。

山杜英 杜英科 杜英属

■ *Elaeocarpus sylvestris* (Lour.) Poir.

别名羊屎树、羊仔树。小乔木。叶纸质，倒卵形等，基部窄楔形，下延，边缘有钝锯齿或波状钝齿。总状花序生于枝顶叶腋内；萼片5枚，披针形；花瓣倒卵形，上半部撕裂，裂片10~12枚，外侧基部有毛；雄蕊13~15枚，花药有微毛；花盘5裂，圆球形，完全分开，被白色毛；子房被毛，2~3室。核果椭圆形。花期7月，果期9—12月。前进管理站前进有分布。

仿栗 杜英科 猴欢喜属

■ *Sloanea hemsleyana* (Ito) Rehd. et Wils.

乔木。叶簇生于枝顶，薄革质，形状多变，常狭窄倒卵形等，先端急尖或渐尖，基部收窄而钝，有时微心形，侧脉7～9对，边缘有不规则钝齿，有时为波状钝齿；叶柄无毛。花生于枝顶，多朵排成总状花序，花序轴及花柄有绒毛；萼片4枚，卵形，两面有绒毛；花瓣白色，与萼片等长或稍超出，先端有撕裂状齿刻；雄蕊与花瓣等长；子房被褐色茸毛。蒴果大小不一，有针刺。花期7月，果期12月。锦潭管理站联山有分布。

猴欢喜 杜英科 猴欢喜属

■ *Sloanea sinensis* (Hance) Hemsl.

乔木。叶薄革质，形状及大小多变，常长圆形，先端短急尖，基部楔形或略圆，常全缘，或上半部有数个疏锯齿。花多朵簇生于枝顶叶腋；花柄被灰色毛；萼片4枚，阔卵形；花瓣4片，白色，先端撕裂，有齿刻；雄蕊与花瓣等长；子房被毛，卵形，花柱连合。蒴果大小不一。花期8月，果期9—12月。前进、锦潭管理站乌田、联山有分布。

132. 锦葵科 Malvaceae

磨盘草 锦葵科 苘麻属

■ *Abutilon indicum* (L.) Sweet

别名磨子树、磨谷子、磨龙子等。一年生或多年生直立亚灌木状草本。叶卵圆形等，先端短尖或渐尖，基部心形，边缘具不规则锯齿。花单生于叶腋，花梗近顶端具节；花萼盘状，绿色，密被灰色绒毛，裂片5枚；花黄色，花瓣5片；心皮15～20枚，成轮状，花柱枝5枚，柱头头状。果倒圆形似磨盘，分果爿15～20个。花果期7—10月。锦潭、横石塘、云岭、沙口管理站均有分布。皮层纤维可织麻、搓绳。全草可入药，具有散风、清血热、开窍的功效。

*木槿 锦葵科 木槿属

■ *Hibiscus syriacus* L.

别名木棉、荆条、朝开暮落花、喇叭花。落叶灌木。叶菱形至三角状卵形，3裂或不裂，先端钝，基部楔形，边缘具不整齐齿缺。花单生于枝端叶腋，花梗被星状短绒毛；小苞片6～8枚，线形；花萼钟形，密被星状短绒毛，裂片5枚；花钟形，淡紫色，花瓣倒卵形。蒴果卵圆形，密被黄色星状绒毛。花果期7—10月。原产中国中部。前进、锦潭、横石塘、云岭、沙口管理站均有栽培。可作园林观赏树种，或作绿篱；茎皮富含纤维可造纸；入药可治疗皮肤癣疮。

133. 金虎尾科 Malpighiaceae

风筝果 金虎尾科 风筝果属

Hiptage benghalensis (L.) Kurz

别名风车藤。灌木或攀援藤本。叶革质，长圆形等，先端渐尖，基部阔楔形或近圆形，背面常具2个腺体，全缘。总状花序腋生或顶生，中部以上具关节。花大，芳香；萼片5枚，阔椭圆形或卵形，先端具1个粗大长圆形腺体；花瓣白色，基部具黄色斑点；雄蕊10枚；花柱拳卷状。翅果，侧翅披针状长圆形，背部具1个三角形鸡冠状附属物。花期2—4月，果期4—5月。横石塘管理站石门台有分布。可作园庭观赏植物。

135. 古柯科 Erythroxylaceae

东方古柯 古柯科 古柯属

■ *Erythroxylum sinensis* C. Y. Wu

灌木或小乔木。叶纸质，长椭圆形等，顶部尾状尖等，基部狭楔形。花腋生，2~7朵花簇生于极短的总花梗上，或单花腋生；萼片5枚；花瓣卵状长圆形；雄蕊10枚，基部合生成浅杯状，花丝有乳头状毛状体；子房长圆形，长花柱花的子房比雄蕊约长2倍，3室，1室发育；花柱3枚，分离。核果长圆形或阔椭圆形，有3条纵棱。花期4—5月，果期5—10月。前进、锦潭、横石塘、云岭、沙口管理站均有分布。

136. 大戟科 Euphorbiaceae

铁苋菜 大戟科 铁苋菜属

■ *Acalypha australis* L.

别名海蚌含珠、蚌壳草。一年生草本。叶膜质，长卵形等，顶端短渐尖，基部楔形，边缘具圆锯齿；基出脉3条，侧脉3对。雌花、雄花同序，花序腋生，稀顶生，苞腋具雌花1～3朵。雄花：花蕾时近球形，无毛，花萼裂片4枚，卵形；雄蕊7～8枚。雌花：萼片3枚，长卵形，具疏毛；子房具疏毛，花柱3枚，撕裂5～7条。蒴果具3个分果爿。花果期4—12月。前进、锦潭、横石塘、云岭、沙口管理站均有分布。

日本五月茶 大戟科 五月茶属

■ *Antidesma japonicum* Sieb. et Zucc.

别名酸味子、禾串果。乔木或灌木。叶片纸质至近革质，椭圆形等，顶端常尾状渐尖，有小尖头，基部楔形、钝形或圆形。总状花序顶生，不分枝或有少数分枝。雄花花萼钟状，3~5裂；雄蕊2~5枚；花盘垫状。雌花花梗极短；花萼与雄花的相似，但较小；花盘垫状，内面有时有1~2枚退化雄蕊；子房卵圆形，无毛，花柱顶生，柱头2~3裂。核果椭圆形。花期4—6月，果期7—9月。前进、锦潭、横石塘、云岭、沙口管理站均有分布。

黑面神 大戟科 黑面神属

■ *Breynia fruticosa* (L.) Hook. f.

别名鬼画符、狗脚刺、四眼叶等。灌木。叶革质，卵形等，两端钝或急尖。花小，单生或2~4朵簇生于叶腋，雌花位于小枝上部，雄花位于小枝下部，有时生于不同小枝上；雌花花萼钟状，6浅裂，萼片近相等，结果时约增大1倍，上部辐射张开呈盘状；子房卵状，花柱3枚，顶端2裂，裂片外弯。蒴果圆球状，有宿存花萼。花期4—9月，果期5—12月。云岭、沙口管理站江溪、新岭有分布。根、叶可入药，治疗肠胃炎、咽喉肿痛、风湿骨痛等。

大叶土蜜树 大戟科 土蜜树属

■ *Bridelia fordii* Hemsl.

别名虾公木、华南逼迫子。乔木。叶纸质，倒卵形等，顶端圆或截形，具小短尖，稀微凹，基部钝形、圆形或浅心形。花小，黄绿色，雌雄异株；穗状花序腋生或在小枝顶端由3～9个穗状花序再组成圆锥花序状；雌花萼片长圆形；花瓣匙形，膜质；子房卵圆形，花柱2枚，顶端2裂；花盘坛状。核果卵形，黑色，2室。花期6月，果期7—10月。锦潭管理站八宝有分布。

棒柄花 大戟科 棒柄花属

■ *Cleidion brevipetiolatum* Pax et Hoffm.

小乔木。叶薄革质，互生或近对生，常3～5密生于小枝顶部，倒卵形等，顶端短渐尖，基部钝形，具斑状腺体数个，上半部边缘具疏锯齿；侧脉5～9对。花雌雄同株，雄花序腋生，花序轴被微绒毛；雌花单朵腋生，基部具苞片2～3枚；果梗棒状；雄花萼片3枚，椭圆形，基部具疏绒毛；雄蕊40～65枚；花梗具关节，被微绒毛；雌花萼片5枚，不等大，其中3枚披针形，2枚三角形，花后增大；子房球形，密生黄色毛。蒴果扁球形，具3个分果爿。花果期3—10月。锦潭管理站八宝有分布。

荨麻叶巴豆 大戟科 巴豆属

■ *Croton urticifolius* Y. T. Chang et Q. H. Chen

灌木。叶纸质，卵形等，顶端渐尖，尖头尾状，基部圆形至近心形，边缘有疏生粗重锯齿，齿间弯缺处常有具柄腺体；基出脉3～5条，侧脉2～3对；叶下面基部中脉两侧各有1个具长柄的杯状腺体。总状花序顶生；雄花萼片长圆形，被星状毛；雄蕊10～12枚；雌花萼片长圆状披针形，被星状绒毛；子房密被星状硬毛，花柱3枚，2裂。蒴果近球形，被毛。花期8月，果期11月。前进、锦潭管理站乌田、八宝有分布。

黄桐 大戟科 黄桐属

■ *Endospermum chinense* Benth.

别名黄虫树。乔木。叶薄革质，椭圆形至卵圆形，顶端短尖至钝圆，基部阔楔形、钝圆等，全缘，基部有2个球形腺体；侧脉5～7对。花序生于枝条近顶部叶腋；雄花花萼杯状，有4～5浅圆齿；雄蕊5～12枚，2～3轮；雌花花萼杯状，具3～5波状浅裂，被毛，宿存；花盘环状，2～4齿裂；子房近球形，被微绒毛。果近球形。花期5—8月，果期8—11月。横石塘管理站石门台有分布。

厚叶算盘子 大戟科 算盘子属

■ *Glochidion hirsutum* (Roxb.) Voigtoigt

灌木或小乔木。叶革质，卵形等，顶端钝或急尖，基部浅心形等，两侧偏斜，下面密被绒毛；侧脉每边6 ~ 10条；叶柄被绒毛。聚伞花序常腋上生；雄花萼片6枚，长圆形或倒卵形，其中3片较宽，外面被绒毛；雄蕊5 ~ 8枚；雌花萼片6枚，卵形或阔卵形，外面被绒毛；子房圆球状，被毛。蒴果扁球状，被绒毛，具5 ~ 6条纵沟。花果期几乎全年。锦潭、横石塘、云岭、沙口管理站均有分布。根、叶可入药，具有收敛固脱、祛风消肿的功效。可材用。

野桐 大戟科 野桐属

■ *Mallotus japonicus* var.*floccosus* S. M. Hwang

小乔木或灌木。叶互生，纸质，形状多变，卵形等，顶端急尖等，基部圆形等，边全缘，下面疏被星状粗毛、疏散橙红色腺点；基出脉3条；侧脉5 ~ 7对，近叶柄具黑色圆形腺体2个。花雌雄异株，雄花在每苞片内3 ~ 5朵；雄蕊25 ~ 75枚；雌花序总状，不分枝；花梗密被星状毛；子房近球形，三棱状；花柱3 ~ 4枚。蒴果近扁球形，钝三棱形。花期4—6月，果期7—11月。前进、锦潭管理站乌田、八宝有分布。种子含油量为38%，工业用；可材用。

东南野桐 大戟科 野桐属

■ *Mallotus lianus* Croiz.

别名黄栗树。小乔木或灌木。叶互生，纸质，卵形或心形等，顶端隐尖或渐尖，基部圆形或截平，稀心形，近全缘；基出脉5条，近叶柄处着生褐色斑状腺体2～4个；叶柄盾状着生或基生。花雌雄异株，总状花序或圆锥花序；雄花序有雄花3～8朵；雄花萼裂片4～5枚，卵形；雄蕊50～80枚；雌花花柱3枚。蒴果球形，密被腺体，具软刺。花期8—9月，果期11—12月。前进管理站前进有分布。

山苦茶 大戟科 野桐属

■ *Mallotus oblongifolius* (Miq.) Muell.-Arg.

别名鹧鸪茶。灌木或小乔木。叶互生或近对生，长圆状倒卵形，顶端急尖，下部渐狭，基部圆形或微心形，全缘或上部边缘微波状。花雌雄异株；雄花序总状，顶生，雄花2～5朵簇生于苞腋；雄花萼裂片3枚，阔卵形；雄蕊25～45枚。雌花序总状，顶生；雌花花萼佛焰苞状，顶端3齿裂；子房球形。蒴果扁球形。花期2—4月，果期6—11月。锦潭管理站黄洞有分布。植物体含零陵香油，可提香精原料。

青灰叶下珠 大戟科 叶下珠属

■ *Phyllanthus glaucus* Wall. ex Muell.-Arg.

灌木。叶片膜质，椭圆形或长圆形，顶端急尖，基部钝形至圆形。花数朵簇生于叶腋；雄花萼片6枚；花盘腺体6个；雄蕊5枚，花丝分离。雌花常1朵与数朵雄花同生于叶腋；萼片6枚，卵形；花盘环状；子房卵圆形，3室，每室2颗胚珠，花柱3枚，基部合生。蒴果浆果状。花期4—7月，果期7—10月。前进、锦潭、横石塘管理站乌田、八宝、建山有分布。根可治小儿疳积病。

隐脉叶下珠 大戟科 叶下珠属

■ *Phyllanthus urinaria* L.

别名广东叶下珠。灌木。叶纸质，椭圆形等，顶端短渐尖，基部圆形；侧脉6～9条，不明显；托叶宽三角形。花雌雄同株，红色，1～2朵腋生。雄花生于花枝下部；萼片4枚；花盘4裂；雄蕊2枚，花丝合生成短柱。雌花生于花枝上部；萼片6枚；花盘盘形，全缘；子房圆球状，3室，花柱3枚，顶部2裂至中部。蒴果圆球状，基部有宿存萼片。花期10—11月，果期11—12月。锦潭管理站八宝有分布。

广东地构叶 大戟科 地构叶属

■ *Speranskia cantonensis* (Hance) Pax et Hoffm.

草本。叶纸质，卵形等，顶端急尖，基部圆形，边缘具齿；叶柄顶端有黄色腺体。总状花序上部有雄花5～15朵，下部有雌花4～10朵；雄花1～2朵生于苞腋；雄蕊10～12枚；花盘有离生腺体5个；雌花萼裂片外面疏被绒毛，无花瓣；子房球形；花柱3枚，各2深裂，裂片呈羽状撕裂。蒴果扁球形，具瘤状突。花果期2—10月。锦潭管理站八宝有分布。

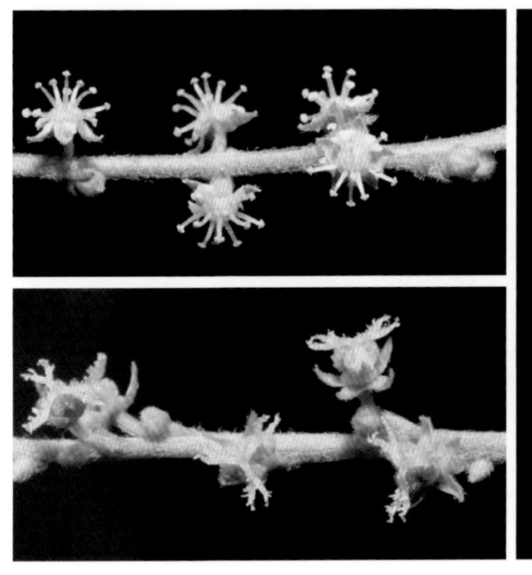

142. 绣球花科 Hydrangeaceae

中国绣球 绣球科 绣球属

Hydrangea chinensis Maxim.

灌木。叶薄纸质，长圆形等，先端渐尖，具尾状尖头，基部楔形，边缘具齿；侧脉6～7对。伞形状或伞房状聚伞花序顶生；分枝3或5个；不育花萼片3～4枚；花瓣黄色，先端略尖，基部具短爪；雄蕊10～11枚；子房近半下位，花柱3～4枚。蒴果卵球形。花期5—6月，果期9—10月。锦潭管理站联山有分布。

白皮绣球 绣球科 绣球属

■ *Hydrangea kwangsiensis* var. *hedyotidea* (Chun) C. M. Hu

灌木。叶纸质，披针形等，先端渐尖，基部狭楔形。伞房状聚伞花序具总花梗，顶端截平，分枝3个，扩展，中间的分枝远比两侧的短，无毛或仅于顶部被短疏毛；不育花萼片4枚，少有3或5枚，白色；花瓣长椭圆形，紫红色或略带蓝色；雄蕊10枚；子房在4/5下位，花柱3枚。蒴果长陀螺状。花期5—7月，果期8—11月。锦潭管理站联山有分布。

143. 蔷薇科 Rosaceae

钟花樱桃 蔷薇科 樱属

Cerasus campanulata (Maxim.) Yu et Li

乔木或灌木。叶卵形等，薄革质，先端渐尖，基部圆形，边有急尖锯齿，侧脉8 ~ 12对；叶柄顶端有腺体2个。伞形花序，有花2 ~ 4朵；萼筒钟状；花瓣倒卵状长圆形，粉红色；雄蕊39 ~ 41枚；花柱常比雄蕊长。核果卵球形；果梗先端稍膨大并有萼片宿存。花期2—3月，果期4—5月。前进管理站乌田有分布。早春开花，颜色鲜艳，可供栽培观赏。

皱果蛇莓 蔷薇科 蛇莓属

■ *Duchesnea chrysantha* (Zoll. et Mor.) Miq.

多年生草本。小叶菱形等，先端圆或钝，基部楔形，边缘有齿；叶柄有绒毛。花梗疏生长绒毛；萼片卵形等，先端渐尖，外面有长绒毛；副萼片三角状倒卵形，先端有3~5锯齿；花瓣倒卵形，黄色；花托在果期粉红色，无光泽。瘦果卵形，红色，具多数明显皱纹，无光泽。花期5—7月，果期6—9月。前进管理站乌田有分布。茎、叶可药用，捣烂对治疗蛇咬、烫伤、疔疮等有功效。

*枇杷 蔷薇科 枇杷属

■ *Eriobotrya japonica* (Thunb.) Lindl.

常绿小乔木。叶革质，披针形等，先端急尖或渐尖，基部楔形，上部边缘有疏锯齿。圆锥花序顶生，多花；总花梗和花梗密生锈色绒毛；萼筒浅杯状；花瓣白色，长圆形等，基部具爪；雄蕊20枚；花柱5枚，离生，子房顶端有锈色绒毛。果实球形或长圆形，黄色或橘黄色。花期10—12月，果期翌年5—6月。前进、锦潭、横石塘、云岭、沙口管理站均有栽培。可作观赏树木和果树；叶可入药，具有化痰止咳，和胃降气的功效；可材用。

中华石楠 蔷薇科 石楠属

■ *Photinia beauverdiana* Schneid.

落叶灌木或小乔木。叶薄纸质，长圆形等，先端突渐尖，基部圆形，边缘有疏生具腺锯齿。花多数，成复伞房花序；总花梗和花梗无毛，密生疣点；萼筒杯状，外面微有毛；花瓣白色，卵形或倒卵形，先端圆钝，无毛；雄蕊20枚；花柱2～3枚，基部合生。果卵形，紫红色，无毛，先端有宿存萼片。花期5月，果期7—8月。锦潭、横石塘管理站联山、石门台有分布。

光叶石楠 蔷薇科 石楠属

■ *Photinia glabra* (Thunb.) Maxim.

常绿乔木。叶革质，椭圆形等，先端渐尖，基部楔形，边缘有齿，侧脉10～18对。花多数，成顶生复伞房花序；总花梗和花梗均无毛；萼筒杯状；花瓣白色，反卷，基部有短爪；雄蕊20枚；花柱2枚，稀3枚，柱头头状。果实卵形，红色，无毛。花期4—5月，果期9—10月。前进、锦潭管理站前进、联山有分布。叶可入药，具有解热、利尿、镇痛的功效；种子榨油，可用于制肥皂或润滑油；可材用，作篱垣、庭园树。

褐毛石楠 蔷薇科 石楠属

■ *Photinia hirsuta* Hand.-Mazz.

落叶灌木或乔木。叶纸质，椭圆形等，先端渐尖或尾尖，基部宽楔形，边缘有锯齿，近基部全缘；叶柄短粗，密生褐色硬毛。花3～8朵，成顶生聚伞花序，无总花梗，花梗、萼筒外面及萼片均密生褐色硬毛；萼筒钟状，萼片三角形；花瓣白色，内面微有绒毛；雄蕊20枚，较花瓣稍短；花柱2枚，基部有毛。果实椭圆形，红色，有斑点。花期4—5月，果期9月。前进、锦潭管理站前进、八宝有分布。

小毛叶石楠 蔷薇科 石楠属

■ *Photinia villosa* var. *parvifolia* (Pritz.) P.S.Hsu et L.C.Li

别名小叶石楠、牛筋木、牛李子、山红子。落叶灌木。叶草质，椭圆形等，先端渐尖或尾尖，基部宽楔形，边缘有具腺尖锐锯齿，侧脉4～6对。花2～9朵，成伞形花序，生于侧枝顶端，无总花梗；花梗无毛，有疣点；萼筒杯状，无毛；花瓣白色，圆形，先端钝，有极短爪；雄蕊20枚，较花瓣短；花柱2～3枚，子房顶端密生长绒毛。果实椭圆形或卵形，橘红色或紫色，有直立宿存萼片；果梗密布疣点。花期4—5月，果期7—8月。前进管理站前进有分布。根、枝、叶可药用，具有行血、止血、止痛的功效。

全缘火棘 蔷薇科 火棘属

■ *Pyracantha atalantioides* (Hance) Stapf

常绿灌木或小乔木。常有枝刺。叶片椭圆形等，先端微尖或圆钝，基部宽楔形，叶常全缘或有时具不明显细锯齿。花成复伞形花序，花梗和花萼外被黄褐色绒毛；萼筒钟状，外被绒毛；花瓣白色，卵形，基部具短爪；雄蕊20枚，花药黄色；花柱5枚，与雄蕊等长，子房上部密生白色绒毛。梨果扁球形，亮红色。花期4—5月，果期9—11月。前进管理站乌田有分布。

软条七蔷薇 蔷薇科 蔷薇属

■ *Rosa henryi* Bouleng.

别名湖北蔷薇、亨氏蔷薇。灌木。小叶常5片；叶片长圆形、卵形等，先端长渐尖，基部近圆形，边缘有锐锯齿。花5～15朵，成伞形伞房状花序；萼片披针形，有少数裂片；花瓣白色，先端微凹；花柱结合成柱，被绒毛。果近球形，成熟后呈褐红色，有光泽。花期4月，果期8—12月。前进、锦潭管理站乌田、八宝有分布。

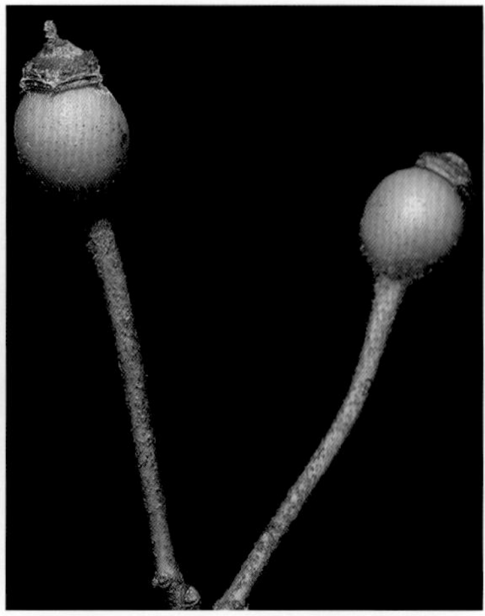

掌叶覆盆子 蔷薇科 悬钩子属

■ *Rubus chingii* Hu

藤状灌木。单叶，近圆形，基部心形，边缘掌状，5深裂，稀3或7，有掌状脉5条；叶柄疏生小皮刺。单花腋生；萼筒毛较稀或近无毛；萼片顶端具凸尖头；花瓣白色；雄蕊多数，花丝宽扁；雌蕊多数，具绒毛。果实近球形，红色，密被灰白色绒毛。花期3—4月，果期5—6月。前进管理站前进有分布。果可食、制糖及酿酒；果可入药，可作强壮剂；根可止咳、活血。

灰毛泡 蔷薇科 悬钩子属

■ *Rubus irenaeus* Focke

常绿矮小灌木。单叶，近革质，近圆形，基部深心形，具5条掌状脉；叶柄密被绒毛，无刺或具极稀小皮刺。花数朵成顶生伞房花序或近总状花序，单花或数朵生于叶腋；花萼外密被绒毛；花瓣近圆形，白色，具爪；雄蕊多数，花药具长绒毛；雌蕊30 ~ 60枚，无毛，花柱长于雄蕊。果实球形，红色，无毛。花期5—6月，果期8—9月。前进、锦潭管理站乌田、八宝有分布。果可生食、制糖、酿酒或作饮料；根和全株可入药，具有祛风活血、清热解毒的功效。

灰白毛莓 蔷薇科 悬钩子属

■ *Rubus tephrodes* Hance

别名灰绿悬钩子、乌龙摆尾、倒水莲、蛇乌苞、黑乌苞、乌苞。攀援灌木。单叶，近圆形，顶端急尖，基部心形，侧脉3～4对，基部有掌状5出脉。大型圆锥花序顶生；苞片与托叶相似；花萼外密被灰白色绒毛；萼片卵形；花瓣小，白色；雄蕊多数，花丝基部稍膨大；雌蕊约30～50枚，无毛。果实球形，紫黑色，无毛。花期6—8月，果期8—10月。前进、锦潭管理站乌田、八宝有分布。根可入药，具有祛风湿、活血调经的功效；叶可止血；种子为强壮剂。

江南花楸 蔷薇科 花楸属

■ *Sorbus hemsleyi* (Schneid.) Rehd.

乔木或灌木。叶卵形至长椭卵形等，先端急尖，基部楔形，边缘有细锯齿并微向下卷，侧脉12～14对，直达叶边齿端。复伞房花序有花20～30朵；萼筒钟状；萼片三角卵形；花瓣宽卵形，白色；雄蕊20枚；花柱2枚，基部合生。果实近球形，有少数斑点。花期5月，果期8—9月。锦潭管理站联山有分布。

中华绣线菊 蔷薇科 绣线菊属

■ *Spiraea chinensis* Maxim.

灌木。叶菱状卵形等，先端急尖，基部宽楔形，边缘有齿，或具不明显3裂。伞形花序具花16～25朵；萼筒钟状；萼片卵状披针形；花瓣近圆形，白色；雄蕊22～25枚；子房具短绒毛。蓇葖果张开，全体被短绒毛。花期3—6月，果期6—10月。云岭管理站水头有分布。

红果树 蔷薇科 红果树属

■ *Stranvaesia davidiana* Dcne.

别名斯脱兰威木。灌木或小乔木。叶长圆形等，先端急尖，基部楔形，全缘。复伞房花序，密具多花；花瓣近圆形，基部有短爪，白色；雄蕊20枚，花药紫红色；花柱5枚，大部分连合，柱头头状，比雄蕊稍短；子房顶端被绒毛。果实近球形，橘红色；萼片宿存，直立。花期5—6月，果期9—10月。锦潭管理站联山有分布。

146. 含羞草科 Mimosaceae

藤金合欢 含羞草科 金合欢属

■ *Acacia sinuata* (Lour.) Merr.

攀援藤本。二回羽状复叶；羽片6～10对；总叶柄近基部及最顶端1～2对羽片之间有1个腺体；小叶15～25对，线状长圆形；中脉偏于上缘。头状花序球形，再排成圆锥花序，花序分枝被茸毛；花白色或淡黄色；花萼漏斗状；花冠稍突出。荚果带形，有种子6～10颗。花期4—6月，果期7—12月。云岭管理站水头有分布。树皮可入药，具有解热、散血的功效。

天香藤 含羞草科 合欢属

■ *Albizia corniculata* (Lour.) Druce

别名刺藤、藤山丝。攀援灌木或藤本。叶柄下常有1枚下弯的粗短刺。二回羽状复叶，羽片2～6对；总叶柄近基部有压扁的腺体1个；小叶4～10对，长圆形或倒卵形，顶端极钝或有时微缺，或具硬细尖，基部偏斜；中脉居中。头状花序有花6～12朵，再排成顶生或腋生的圆锥花序；花无梗；花冠白色。荚果带状，扁平。花期4—7月，果期8—11月。前进、锦潭、横石塘、云岭、沙口管理站均有分布。

阔荚合欢 含羞草科 合欢属

■ *Albizia lebbeck* (L.) Benth.

落叶乔木。二回羽状复叶；总叶柄近基部及叶轴上羽片着生处均有腺体；羽片2～4对；小叶4～8对，长椭圆形或略斜的长椭圆形，先端圆钝或微凹，中脉略偏于上缘。头状花序；总花梗1至数个聚生于叶腋；花冠黄绿色。荚果带状，扁平，常宿存于树上经久不落。花期4月，果期7—9月。原产热带非洲，云岭管理站水头有分布。可供绿化观赏，可材用，叶可作饲料。

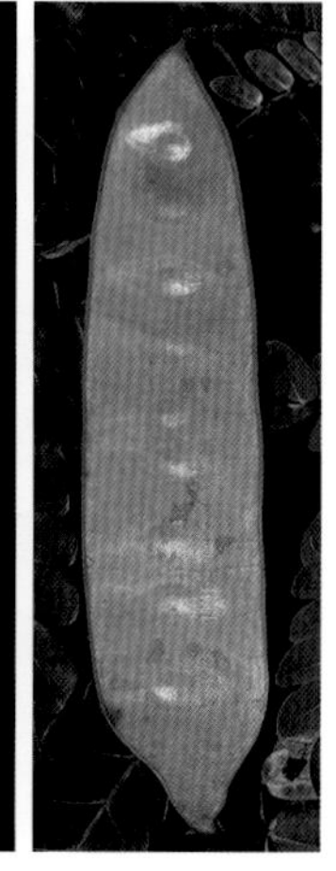

147. 苏木科（云实科） Caesalpiniaceae

喙荚云实 苏木科 云实属

■ *Caesalpinia minax* Hance

有刺藤本。二回羽状复叶；羽片5～8对；小叶6～12对，椭圆形等，先端圆钝，基部圆形，微偏斜。总状花序或圆锥花序顶生；花瓣白色，有紫色斑点；雄蕊10枚，花丝下部密被长绒毛；子房密生细刺。荚果长圆形，先端圆钝而有喙，果瓣表面密生针状刺。花期4—5月，果期7月。锦潭、云岭管理站八宝、水头有分布。种子可入药，性寒无毒、开胃进食。

春云实 苏木科 云实属

■ *Caesalpinia vernalis* Champ.

别名乌爪簕藤。有刺藤本。二回羽状复叶；叶轴有刺，被绒毛；羽片8～16对；小叶6～10对，对生，革质，卵状披针形等，先端急尖，基部圆形。圆锥花序生于上部叶腋或顶生，多花；花瓣黄色，上面1片有红色斑纹；子房具短柄，被短绒毛。荚果斜长圆形，木质，黑紫色，先端具喙。花期4月，果期5—6月。前进、锦潭、横石塘管理站乌田、八宝、石门台有分布。

任豆 苏木科 任豆属

■ *Zenia insignis* Chun

乔木。小叶薄革质，长圆状披针形，基部圆形，顶端短渐尖，边全缘。圆锥花序顶生；总花梗和花梗被糙伏毛；花红色；花瓣稍长于萼片，倒卵形等；雄蕊花丝被微绒毛；子房有胚珠7～9颗。荚果长圆形等。花期5月，果期6—8月。前进管理站乌田有分布。国家Ⅱ级重点保护野生植物。

148. 蝶形花科 Papilionaceae

小刀豆 蝶形花科 刀豆属

■ *Canavalia cathartica* Thou.

别名野刀板豆。二年生粗壮草质藤本。羽状复叶具3片小叶。小叶纸质，卵形，先端急尖或圆，基部宽楔形。花1~3朵生于花序轴的每一节上；花冠粉红色等，旗瓣圆形，顶端凹入，近基部有2枚痂状附属体；子房被绒毛，花柱无毛。荚果长圆形，膨胀，顶端具喙尖。花果期9—12月。锦潭管理站八宝有分布。

野百合 蝶形花科 猪屎豆属

■ *Crotalaria sessiliflora* L.

别名农吉利、紫花野百合、倒挂山芝麻、羊屎蛋。直立草本。单叶，叶片常为线形或线状披针形，两端渐尖。总状花序顶生、腋生或密生于枝顶形似头状，花1至多数；花冠蓝色或紫蓝色，基部具胼胝体2枚；子房无柄。荚果短圆柱形，苞被萼内。花果期10—12月。前进管理站乌田有分布。全草可药用，具有清热解毒、消肿止痛、破血除瘀的功效。

秧青 蝶形花科 黄檀属

■ *Dalbergia assamica* Benth.

别名思茅黄檀、紫花黄檀。乔木。羽状复叶；小叶6～10对，纸质，长圆形等，先端钝、圆或凹入，基部圆形或楔形。圆锥花序腋生；花冠白色，内面有紫色条纹，花瓣具长柄，旗瓣圆形；雄蕊10枚，为5＋5的二体；子房具柄，被绒毛。荚果阔舌状，长圆形至带状。花期4月，果期10月。锦潭管理站八宝有分布。为紫胶虫寄主树。

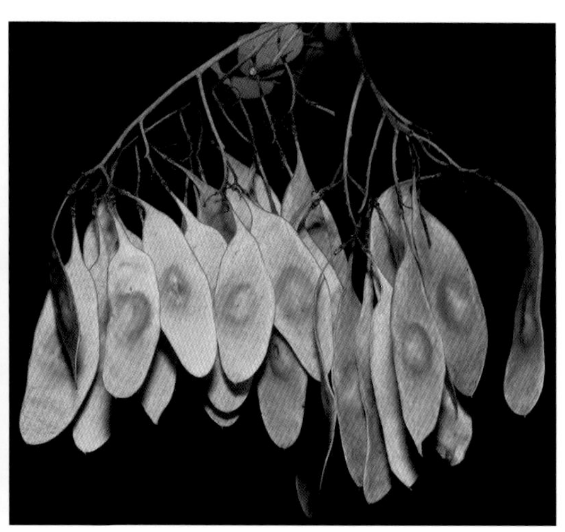

中南鱼藤 蝶形花科 鱼藤属

■ *Derris fordii* Oliv.

攀援状灌木。羽状复叶；小叶2～3对，厚纸质等，卵状椭圆形等，先端渐尖，略钝，基部圆形，侧脉6～7对。圆锥花序腋生；花数朵生于短小枝上；花冠白色，旗瓣有短柄，翼瓣一侧有耳，龙骨瓣基部具尖耳；雄蕊单体；子房无柄，被白色长绒毛。荚果薄革质，长椭圆形至舌状长椭圆形。花期4—5月，果期10—11月。锦潭、云岭管理站八宝、水头有分布。

山黑豆 蝶形花科 山黑豆属

■ *Dumasia truncata* Sieb. et Zucc

攀援状缠绕草本。叶具羽状3小叶；小叶膜质，长卵形等，先端钝有时微凹，具小凸尖，基部截形或圆形。总状花序腋生；花萼管状；花冠黄色或淡黄色，旗瓣具瓣柄和耳，翼瓣和龙骨瓣近椭圆形；雄蕊2枚；子房线状倒披针形，无毛。荚果倒披针形至披针状椭圆形。花期8—9月，果期10—11月。沙口管理站江溪有分布。

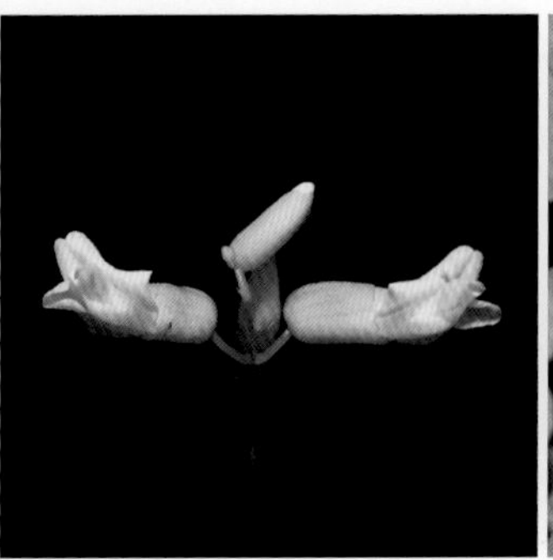

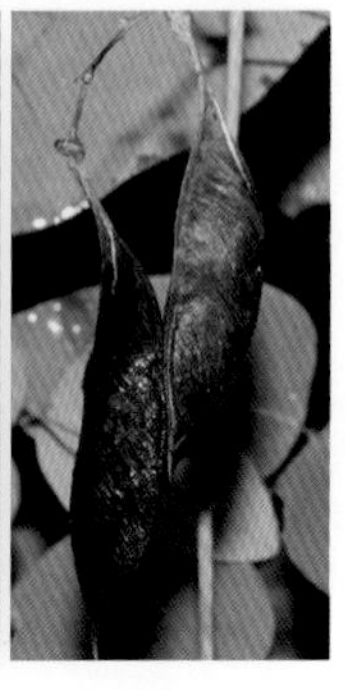

野扁豆 蝶形花科 野扁豆属

■ *Dunbaria villosa* (Thunb.) Makino

别名毛野扁豆、野赤小豆。多年生缠绕草本。叶具羽状3小叶；小叶薄纸质，顶生小叶较大，基出脉3条。总状花序或复总状花序腋生；花2～7朵；花冠黄色，旗瓣近圆形或横椭圆形，基部具短瓣柄；子房密被短绒毛和锈色腺点。荚果线状长圆形，扁平稍弯。花果期7—9月。云岭管理站水头有分布。

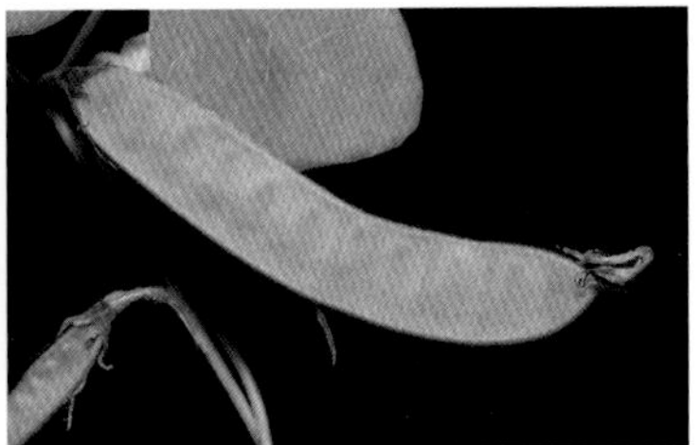

球穗千斤拔 蝶形花科 千斤拔属

■ *Flemingia strobilifera* (L.) Ait.

直立或近蔓延状灌木。单叶互生，近革质，卵形等，先端渐尖，基部圆形或微心形，侧脉每边5～9条。小聚伞花序包藏于贝状苞片内，复再排成总状或复总状花序；花小；萼裂片卵形，花冠伸出萼外。荚果椭圆形，膨胀。花果期9—11月。前进管理站乌田有分布。全株可入药，具有止咳祛痰、消热除湿、补虚、壮筋骨的功效。

马棘 蝶形花科 木蓝属

■ *Indigofera pseudotinctoria* Matsum.

别名狼牙草、野蓝枝子。小灌木。羽状复叶；小叶3～5对，对生，椭圆形等，先端圆或微凹，有小尖头，基部阔楔形。总状花序，花密集；花萼钟状，萼裂片不等长；花冠淡红色或紫红色，子房有毛。荚果线状圆柱形，种子间有横膈。花期5—8月，果期9—10月。沙口管理站江溪有分布。根可入药，具有清凉解表、活血祛瘀的功效。

木蓝 蝶形花科 木蓝属

■ *Indigofera tinctoria* L.

别名蓝靛、靛。直立亚灌木。羽状复叶；小叶4～6对，对生，倒卵状长圆形等，先端圆钝或微凹，基部阔楔形。总状花序，花疏生；花冠伸出萼外，红色；子房无毛。荚果线形，种子间有缢缩，外形似串珠状。花果期9—11月。前进管理站乌田有分布。叶可提取蓝靛染料，也可入药，具有凉血解毒、泻火散郁的功效；根及茎、叶外敷治疗肿毒。

亮叶崖豆藤 蝶形花科 崖豆藤属

■ *Millettia nitida* Benth.

攀援灌木。羽状复叶；小叶2对，纸质，披针形等，先端急尖至渐尖，基部钝圆形，侧脉6～9对。圆锥花序顶生，宽大毛；花冠紫红色；雄蕊2枚；子房线形，密被绒毛，花柱长于子房。荚果线形至长圆形，扁平，密被灰色绒毛。花期5—9月，果期6—11月。横石塘管理站石门台有分布。

厚果崖豆藤 蝶形花科 崖豆藤属

■ *Millettia pachycarpa* Benth.

别名苦檀子、冲天子。巨大藤本。羽状复叶；小叶6～8对，草质，长圆状椭圆形等，先端锐尖，基部楔形或圆钝，侧脉12～15对；小叶柄密被毛。总状圆锥花序，2～6个生于新枝下部，密被褐色绒毛，花2～5朵着生节上；花冠淡紫；雄蕊单体；子房线形，密被绒毛，花柱长于子房。荚果深褐黄色，肿胀，长圆形。花期4—6月，果期6—11月。前进、锦潭管理站乌田、八宝有分布。种子和根含鱼藤酮，磨粉可杀虫；茎皮纤维可用。

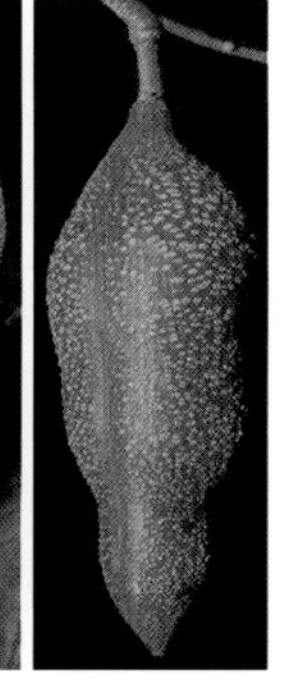

疏叶崖豆藤 蝶形花科 崖豆藤属

■ *Millettia pulchra* var. *laxior* (Dunn) Z. Wei

别名老秧叶。灌木或小乔木。羽状复叶；小叶6～9对，纸质，披针形等，先端急尖，基部渐狭或钝形。叶和花序均散生于枝条，非集生于枝梢。总状圆锥花序腋生；花3～4朵着生节上；花冠淡红色至紫红色；雄蕊单体；子房线形，密被绒毛。荚果线形，扁平。花期4—8月，果期6—10月。云岭管理站水头有分布。

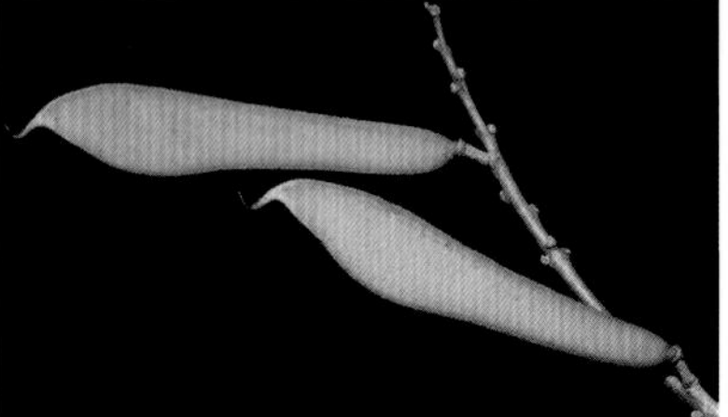

褶皮黧豆 蝶形花科 黧豆属

■ *Mucuna lamellata* Wilmot-Dear

攀援藤本。羽状复叶具3小叶；小叶薄纸质，顶生小叶菱状卵形，先端渐尖，具短尖头，基部圆形或稍楔形；侧生小叶明显偏斜，基部截形。总状花序腋生，花生于花序上部，通常每节3朵花；花冠深紫色或红色；雄蕊约与龙骨瓣相等；子房线形。荚果革质，长圆形，基部和先端弯曲，外形不对称。花期8—9月，果期9—11月。锦潭、云岭管理站八宝、水头有分布。

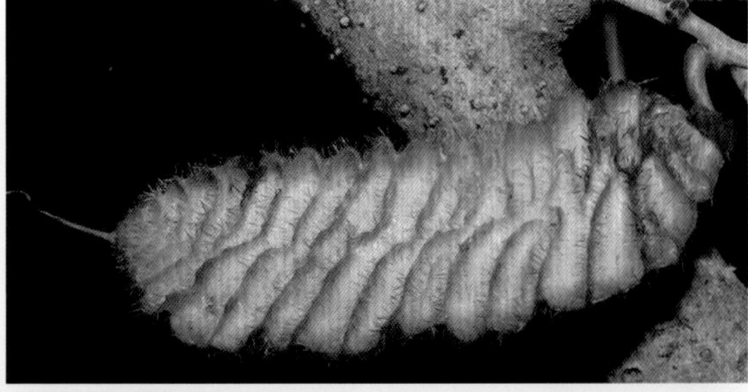
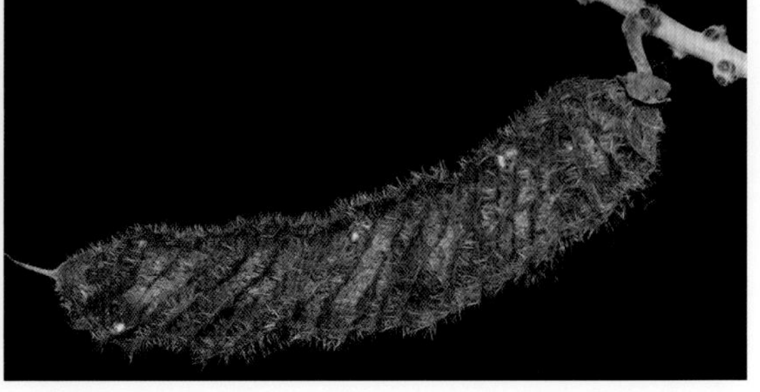

光叶红豆 蝶形花科 红豆属

■ *Ormosia glaberrima* Y. C. Wu

别名乌心红豆、大叶青蓝木、山红豆。常绿乔木。奇数羽状复叶；叶轴在最上部1对小叶处延长生于顶小叶；小叶2～3对，革质，卵形等，先端渐尖、钝或微凹，基部圆形，两面均无毛。圆锥花序顶生或腋生，花具短梗；旗瓣先端微凹，基部具柄；雄蕊10枚；子房无毛。荚果扁平，椭圆形或长椭圆形。花期6月，果期10月。锦潭管理站联山有分布。材质优良。

软荚红豆 蝶形花科 红豆属

■ *Ormosia semicastrata* Hance

别名相思子、黄姜树。常绿乔木。奇数羽状复叶；小叶1～2对，革质，卵状长椭圆形等，先端渐尖，基部圆形。圆锥花序顶生；花冠白色；雄蕊10枚，5枚发育；雄蕊花柱下部腹面及子房背腹缝密被黄褐色短绒毛。荚果小，近圆形，稍肿胀，革质。花期4—5月，果期6—11月。横石塘管理站石门台有分布。韧皮纤维可作人造棉和编绳原料。

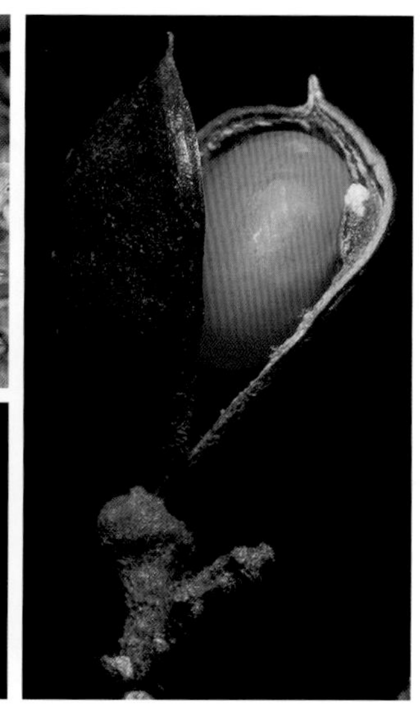

葛 蝶形花科 葛属

■ *Pueraria lobata* (Willd.) Ohwi

别名野葛、葛藤。粗壮藤本。羽状复叶具3片小叶；小叶3裂，偶全缘，顶生小叶宽卵形，先端长渐尖，侧生小叶斜卵形，稍小。总状花序中部以上有密集的花；花冠紫色；子房线形，被毛。荚果长椭圆形，扁平，被褐色长硬毛。花期9—10月，果期11—12月。前进、锦潭、横石塘、云岭、沙口管理站均有分布。葛根药用，可解表退热、生津止渴、止泻；茎皮纤维可织布、造纸；葛粉用于解酒；可作水土保持植物。

赤小豆 蝶形花科 豇豆属

■ *Vigna umbellata* (Thunb.) Ohwi et Ohashi

别名米豆、饭豆。一年生草本。羽状复叶具3片小叶；小叶纸质，卵形，先端急尖，基部宽楔形或钝形，全缘或微3裂，基出脉3条。总状花序腋生，短，有花2~3朵；花黄色。荚果线状圆柱形，下垂，无毛。花期9—11月。锦潭管理站八宝有分布。种子可食用，入药可行血补血、健脾去湿、利水消肿。

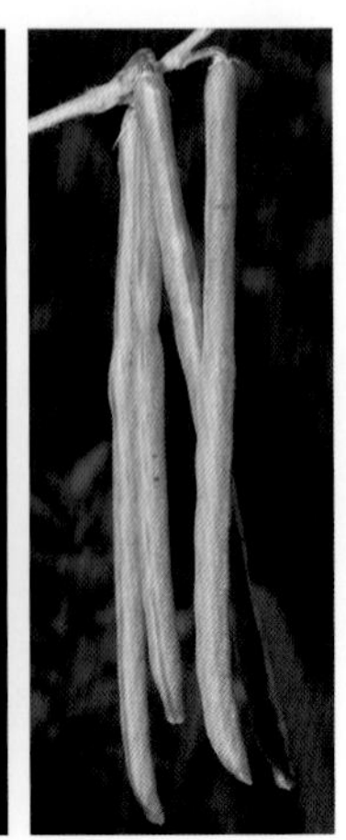

150. 旌节花科 Stachyuraceae

中国旌节花 旌节花科 旌节花属

■ *Stachyurus chinensis* Franch.

别名水凉子、萝卜药、旌节花。落叶灌木。叶互生，纸质，卵形等，先端渐尖至短尾状渐尖，基部钝圆形至近心形，边缘有锯齿，侧脉5～6对。穗状花序腋生，先叶开放，无梗；花黄色；花瓣4片，卵形；雄蕊8枚；子房瓶状，被微绒毛，柱头头状。果实圆球形，无毛，近无梗。花期3—4月，果期5—7月。前进管理站乌田有分布。

151. 金缕梅科 Hamamelidaceae

瑞木 金缕梅科 蜡瓣花属

Corylopsis multiflora Hance

落叶或半常绿灌木至小乔木。叶薄革质，倒卵形等，先端尖锐，基部心形，边缘有锯齿，齿尖突出。总状花序基部有1～5片叶；花瓣倒披针形；雄蕊突出花冠外；子房半下位，厚壁，无毛。蒴果硬木质，果皮厚，无毛，有短柄。花期3月，果期6—10月。锦潭管理站联山有分布。

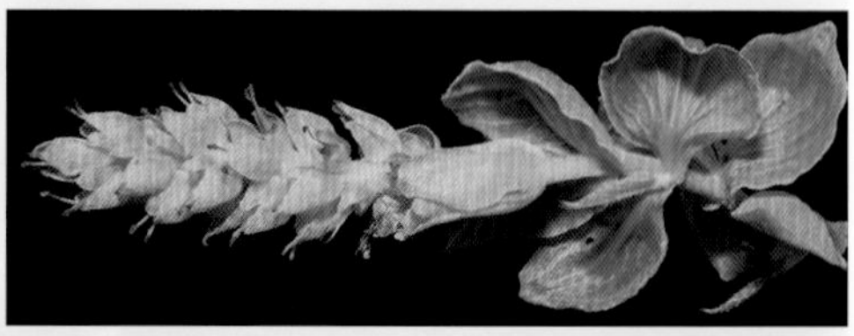

水丝梨 金缕梅科 水丝梨属

■ *Sycopsis sinensis* Oliver

常绿乔木。叶革质，长卵形，先端渐尖，基部楔形或钝形；全缘或中部以上有几个小锯齿。雄花穗状花序密集，近似头状，有花8～10朵，苞片红褐色；雄蕊10～11枚，花药先端尖锐红色；花柱反卷。雌花或两性花6～14朵排成短穗状花序；子房上位，有毛，花柱被毛。蒴果有长丝毛，宿存萼筒被鳞垢。种子褐色。花期4月，果期6—10月。横石塘管理站石门台有分布。

钝叶水丝梨 金缕梅科 水丝梨属

■ *Sycopsis tutcheri* Hemsl.

常绿灌木或小乔木。叶革质，椭圆形；先端钝或略圆，基部广楔形。雄花未见。雌花总状花序，花序柄及花序轴均有鳞垢；苞片矩圆形，有鳞垢；萼裂片细小，披针形；子房有长丝毛，花柱向外卷，有毛。果序有蒴果1～5个。蒴果卵圆形，宿存花柱极短，外侧有黄褐色长丝毛。花期春季，果实9月成熟。锦潭管理站联山有分布。

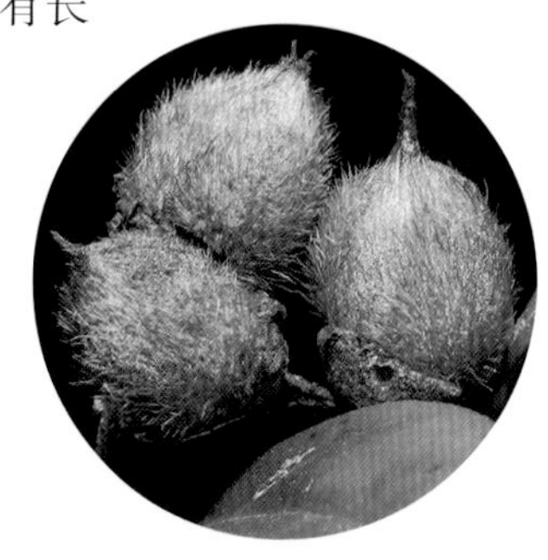

154. 黄杨科 Buxaceae

尖叶黄杨 黄杨科 黄杨属

Buxus sinica ssp. *aemulans* (Rehd. et Wils.) M. Cheng

灌木或小乔木。叶革质，叶椭圆状披针形等，两端均渐尖，顶尖锐或稍钝。花序腋生，头状，花密集，花序轴被毛，苞片阔卵形，背部多少有毛；雄花约10朵，无花梗，外萼片卵状椭圆形，内萼片近圆形，无毛，不育雌蕊有棒状柄，末端膨大；雌花子房较花柱稍长，无毛，花柱粗扁，柱头倒心形，下延达花柱中部。蒴果近球形，花柱宿存。花期3月，果期5—6月。横石塘管理站石门台有分布。

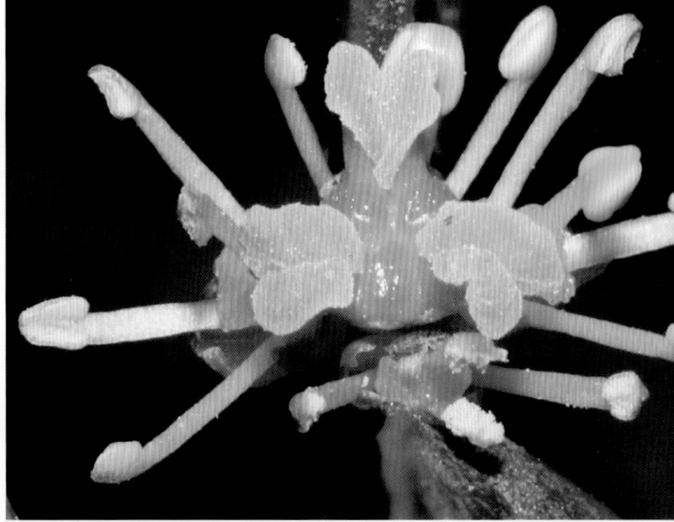

163. 壳斗科（山毛榉科） Fagaceae

米槠 壳斗科 锥属

Castanopsis carlesii (Hemsl.) Hay.

别名小红栲。乔木。叶披针形或卵形，顶部渐尖，基部有时一侧稍偏斜，叶全缘，或偶有少数浅裂齿，嫩叶叶背红褐色或棕黄色。雄圆锥花序近顶生，花序轴无毛或近无毛；雌花的花柱2或3枚。果序轴无毛，壳斗近圆球形或阔卵形，顶部短狭尖或圆，外壁有疣状体或短刺；坚果近圆球形等，果脐位于坚果底部。花期3—6月，果实翌年9—11月成熟。锦潭管理站联山有分布。

锥 壳斗科 锥属

■ *Castanopsis chinensis* Hance

别名桲栗、小板栗、桂林桲。乔木。叶厚纸质或近革质，披针形，基部近圆形或短尖，叶缘至少在中部以上有锐裂齿，侧脉每边9～12条，直达齿端。壳斗圆球形，常整齐的3～5瓣开裂；坚果圆锥形，无毛，果脐在坚果底部。花期5—7月，果实翌年9—11月成熟。前进、锦潭、横石塘、云岭、沙口管理站均有分布。

甜槠 壳斗科 锥属

■ *Castanopsis eyrei* (Champ.) Tutch.

别名甜锥、意栗、茅丝栗、丝栗、反刺槠、小黄橼、锥子等。乔木。叶革质，卵形等，顶部长渐尖，常向一侧弯斜，全缘或在顶部有少数浅裂齿。雄花序穗状或圆锥花序；雌花的花柱2或3枚。壳斗有1个坚果；坚果阔圆锥形，顶部锥尖，无毛，果脐位于坚果的底部。花期4—6月，果实翌年9—11月成熟。前进、锦潭、横石塘、云岭、沙口管理站均有分布。可材用。

罗浮锥 壳斗科 锥属

■ *Castanopsis faberi* Hance

别名罗浮栲、白锥、白橼、白槠、狗牙锥等。乔木。当年生叶革质卵形，狭长椭圆形等，顶部长尖，基部近圆形，常一侧略偏斜，叶缘有裂齿。雄花序单穗腋生或多穗排成圆锥花序，雄蕊10～12枚；每壳斗有雌花2或3朵，花柱3或偶2枚。壳斗有坚果2个，稀1或3个。坚果圆锥形，果脐在坚果底部。花期4—5月，果实翌年9—11月成熟。前进、锦潭、横石塘、云岭、沙口管理站均有分布。

毛锥 壳斗科 锥属

■ *Castanopsis fordii* Hance

别名南岭栲、毛栲、毛槠、水槠。乔木。叶革质，长椭圆形等，顶端急尖，基部心形等，全缘，嫩叶叶背红棕色。雄穗状花序常多穗排成圆锥花序，花密集，雄蕊12枚；雌花花被裂片密被毛，花柱3枚。壳斗密聚于果序轴上，每壳斗有坚果1个；坚果扁圆锥形，密被伏毛。花期3—4月，果实翌年9—10月成熟。前进、锦潭管理站前进、八宝、长江有分布。可材用。

红锥 壳斗科 锥属

■ *Castanopsis hystrix* Miq.

别名红槼、锥栗、刺锥栗、红锥栗、锥丝栗、椆栗。乔木。叶纸质或薄革质，披针形等，顶部短至长尖，基部短尖或圆形，全缘。雄花序为圆锥花序或穗状花序；雌穗状花序单穗位于雄花序的上部叶腋间，花柱2或3枚。壳斗有坚果1个；坚果宽圆锥形，果脐位于坚果底部。花期4—6月，果实翌年8—11月成熟。前进、锦潭管理站前进、长江有分布。可材用。

红背甜槠 壳斗科 锥属

■ *Castanopsis neocavaleriei* A. Camus

乔木。叶硬革质，卵形等，顶端渐尖尾状，基部近圆形，嫩叶背面被淡褐色，全缘，或兼有少数小裂齿。花序轴无或几乎无毛。壳斗阔卵形或近圆球形，壳斗顶部的刺较密，其余稀疏，常簇生或连生成不连接的5～6个刺环；坚果阔圆锥形，无毛。花期5—6月，果实翌年10—11月成熟。前进管理站前进有分布。

雷公青冈 壳斗科 青冈属

■ *Cyclobalanopsis hui* (Chun) Chun ex Y. C. Hsu et H. W. Jen

常绿乔木。叶薄革质，长椭圆形等，顶端圆钝稀渐尖，基部楔形，全缘，叶背初被黄色绒毛。雄花序2～4个簇生；雌花序有花2～5朵，聚生于花序轴顶端，花柱5～6枚。果序有果1～2个；壳斗浅碗形至深盘形；小苞片合生成4～6条同心环带，环带边缘呈小齿状；坚果扁球形。花期4—5月，果期10—12月。锦潭管理站联山有分布。

倒卵叶青冈 壳斗科 青冈属

■ *Cyclobalanopsis obovatifolia* (Huang) Q. F. Zheng

常绿乔木。叶片窄倒卵形等，顶端圆，基部楔形，全缘。果序生坚果1～3个。壳斗碗形，包着坚果1/3；小苞片合生成7～9条同心环带。坚果扁球形，无毛。花期5月，果期10—12月。锦潭管理站联山有分布。

硬叶柯 壳斗科 柯属

■ *Lithocarpus crassifolius* A. Camus

乔木。叶硬革质，宽椭圆形等，顶端圆或钝，基部宽楔形，全缘。壳斗每3个1簇，幼时花柱粗而长，成熟壳斗碗状，包着坚果1/2～1/3，小苞片三角形，紧贴，覆瓦状排列，被褐锈色较松散的鳞秕；坚果扁圆形，无毛。花期5月，果期8—10月。锦潭管理站联山有分布。

柯 壳斗科 柯属

■ *Lithocarpus glaber* (Thunb.) Nakai

别名石栎、椆、珠子栎、槠子。乔木。叶革质或厚纸质，倒卵形等，顶部急尖，基部楔形，上部叶缘有2～4个浅裂齿或全缘。雄穗状花序多排成圆锥花序或单穗腋生；雌花序常着生少数雄花，雌花每3朵1簇、很少5朵1簇。果序轴通常被短绒毛；壳斗碟状或浅碗状；坚果椭圆形。花期7—11月，果实翌年同期成熟。前进、锦潭管理站前进、联山有分布。可材用。

龙眼柯 壳斗科 柯属

■ *Lithocarpus longanoides* Huang et Y. T. Chang

乔木。叶硬纸质，卵形或披针形，顶部长渐尖，基部楔尖，全缘。雄穗状花序多穗排成圆锥花序，花序轴密被棕黄色微绒毛；雌花序轴的顶端常着生雄花；雌花每3朵1簇，花3枚。壳斗圆球形或略扁，通常全包坚果，小苞片三角形；坚果扁圆形或近圆球形。花期7—10月，果实翌年同期成熟。锦潭管理站长江有分布。

滑皮柯 壳斗科 柯属

■ *Lithocarpus skanianus* (Dunn) Rehd.

乔木。叶厚纸质，倒卵状椭圆形等，顶部短尾状突尖，基部楔尖，全缘。雄圆锥花序生于枝顶部；雌花每3朵1簇。壳斗扁圆至近圆球形，包着坚果绝大部分或几乎全包坚果，坚果扁圆形或宽圆锥形。花期9—10月，果实翌年同期成熟。锦潭管理站联山有分布。

乌冈栎 壳斗科 栎属

■ *Quercus phillyraeoides* A. Gray

常绿灌木或小乔木。叶革质，倒卵形等，顶端钝尖或短渐尖，基部圆形或心形，叶缘中部以上具疏锯齿。雄花序纤细，花序轴被黄褐色绒毛；柱头2 ~ 5裂。壳斗杯形，包着坚果1/2 ~ 2/3；小苞片三角形，覆瓦状排列紧密；果长椭圆形。花期3—4月，果期9—10月。前进、锦潭管理站前进、联山有分布。可材用，种子含淀粉50%。

165. 榆科 Ulmaceae

糙叶树 榆科 糙叶树属

■ *Aphananthe aspera* (Thunb.) Planch.

别名糙皮树、牛筋树、沙朴。落叶乔木。叶纸质，卵形等，先端渐尖，基部宽楔形，基部三出脉。雄聚伞花序生于新枝下部叶腋；雌花单生于新枝上部叶腋，子房被毛。核果近球形等，具宿存的花被和柱头，果梗疏被细伏毛。花期3—5月，果期8—10月。前进管理站乌田有分布。枝皮纤维可造棉绳索，可材用，叶可作饲料。

紫弹树 榆科 朴属

■ *Celtis biondii* Pamp.

别名沙楠子树、异叶紫弹、毛果朴、黑弹朴。落叶小乔木至乔木。叶宽卵形等，基部钝形，稍偏斜，先端渐尖，中部以上疏具浅齿，薄革质。果序单生于叶腋，常具2个果（少1或3个），总梗极短像双生于叶腋；果幼时被毛，黄色至橘红色，近球形，核两侧稍压扁。花期 4—5月，果期9—10月。前进、锦潭、横石塘、云岭、沙口管理站均有分布。

四蕊朴 榆科 朴属

■ *Celtis tetrandra* Roxb.

别名石朴、昆明朴、西藏朴、凤庆朴。乔木。叶厚纸质，常卵状椭圆形等，基部多偏斜，一侧近圆形，另一侧楔形，先端渐尖至短尾状渐尖。果梗常2～3枚（少单生）生于叶腋，其中1枚果梗（实为总梗）常有2个果，无毛或被短绒毛；果熟时黄色至橙黄色，近球形。花期3—4月，果期9—10月。锦潭管理站八宝有分布。

青檀 榆科 青檀属

■ *Pteroceltis tatarinowii* Maxim.

乔木。叶纸质，宽卵形至长卵形，先端渐尖，基部不对称，楔形等，边缘有不整齐的锯齿，基部三出脉。翅果状坚果近圆形，黄绿色，翅宽，具宿存的花柱和花被，果梗纤细，被短绒毛。花期3—4月，果期4—7月。前进、锦潭、云岭管理站乌田、八宝、水头有分布。树皮纤维可造纸，可材用，种子可榨油，可供栽培观赏。

山黄麻 榆科 山黄麻属

■ *Trema tomentosa* (Roxb.) Hara

别名麻桐树、麻络木、山麻、母子树、麻布树。小乔木或灌木。叶纸质，宽卵形，先端渐尖，基部心形，明显偏斜，边缘有细锯齿，基出脉3条。雄花序毛被同幼枝；雄花花被片5枚，雄蕊5枚。雌花具短梗，在果时增长，花被片5~4枚。核果宽卵珠状，压扁。花期3—6月，果期9—11月。前进、锦潭、横石塘、云岭、沙口管理站均有分布。韧皮纤维可作人造棉等原料，树皮可提栲胶，可材用，叶表皮可作砂纸用。

167. 桑科 Moraceae

胭脂 桑科 波罗蜜属

■ *Artocarpus tonkinensis* A. Chev. ex Gagnep.

别名胭脂树、鸡脖子果、鸡嗉果。乔木。叶革质，椭圆形，先端具短尖，基部楔形全缘，有时先端有浅锯齿，侧脉6～9对。花序单生于叶腋，雄花序倒卵圆形；雄花花被2～3裂，雄蕊1枚；雌花序球形，花柱伸出于盾形苞片外，花被片完全融合。聚花果近球形，熟时黄色，干后红褐色；核果椭圆形。花期夏季、秋季，果期秋季、冬季。锦潭管理站八宝有分布。木材坚硬，为良好硬木；果实味甜可食。

毛柘藤 桑科 柘属

■ *Cudrania pubescens* Trec.

木质藤状灌木。叶长圆状椭圆，先端渐尖，基部宽楔形，全缘，侧脉5～6对；叶柄密被黄褐色绒毛。花雌雄异株，雄花序成对腋生，球形，密被黄褐色绒毛，雄花花被片4枚，雄蕊4枚，花丝短。聚花果近球形，熟时呈橙红色，肉质；小核果卵圆形。花期6—7月，果期8—12月。云岭管理站水头有分布。

水蛇麻 桑科 水蛇麻属

■ *Fatoua villosa* (Thunb.) Nakai

别名小蛇麻。一年生草本。叶膜质，卵圆形，先端急尖，基部心形至楔形，边缘锯齿三角形，两面被粗糙贴伏绒毛。花单性，聚伞花序腋生；雄花钟形；雄蕊伸出花被片外，与花被片对生；雌花，花被片宽舟状，稍长于雄花被片，子房近扁球形，花柱侧生。瘦果略扁，具3条棱。花果期5—8月。锦潭管理站八宝有分布。

大果粗叶榕 桑科 榕属

■ *Ficus hirta* var. *roxburghii* (Miq.) King

灌木或小乔木。叶互生，纸质，多型，长椭圆状披针形，边缘具细锯齿，有时全缘或3～5深裂，先端急尖，基部圆形，浅心形，基出脉3～5条，侧脉每边4～7条。榕果成对腋生或生于已落叶枝上，球形或椭圆球形；雌花果球形，雄花果及瘿花果卵球形；雄花生于榕果内壁近口部，有柄，花被片4枚，披针形，红色，雄蕊2～3枚；瘿花子房球形，花柱侧生；雌花生于雌株榕果内，花被片4枚。花果期几乎全年。瘦果椭圆球形。前进、锦潭、横石塘、云岭、沙口管理站均有分布。根、果可祛风湿，益气固表。茎皮纤维可制麻绳、麻袋。

羊乳榕 桑科 榕属

■ *Ficus sagittata* Vahl

幼时为附生藤本。叶革质，卵形，先端急尖，基部微心形，全缘，基生侧脉3或5条，侧脉5～6对。榕果成对或单生于叶腋，近球形，苞片3枚。雄花生于榕果内壁近口部，花被片3枚，雄蕊2枚，花丝联合；瘿花花被片与雄花相似，子房倒卵形，花柱侧生，短；雌花，生于另一植株榕果内，花被3裂，基部合生。瘦果椭圆形，花柱侧生。花果期5—8月。锦潭管理站联山有分布。

珍珠莲 桑科 榕属

■ *Ficus sarmentosa* var. *henryi* (King ex Oliv.) Corner

木质攀援匍匐藤状灌木。叶革质，卵状椭圆形，先端渐尖，基部圆形，基生侧脉延长，侧脉5～7对。榕果成对腋生，圆锥形，顶生苞片直立，基生苞片卵状披针形。榕果无总梗或具短梗。锦潭管理站八宝有分布。花果期几乎全年。瘦果水洗可制作冰凉粉。

白肉榕 桑科 榕属

■ *Ficus vasculosa* Wall. ex Miq.

乔木。叶革质，椭圆形，先端钝或渐尖，基部楔形，侧脉10～12对。花雌雄同株，榕果球形，基部缢缩为短柄，基生苞片3枚；雄花少数，生于内壁近口部，具短柄，花被3～4深裂，雄花2朵，稀1或3朵；瘿花和雌花多数，花被3～4深裂，子房倒卵圆形，花柱光滑，柱头2裂。榕果熟时黄色或黄红色。瘦果光滑。花果期5—12月。横石塘管理站石门台有分布。

169. 荨麻科 Urticaceae

糙叶水苎麻 荨麻科 水麻属

■ *Boehmeria macrophylla* var. *scabrella* (Roxb.) Long

亚灌木或多年生草本。叶对生或近对生；叶较小，卵形，顶端长骤尖，基部圆形，稍偏斜，边缘自基部之上有多数小牙齿；侧脉2～3对。穗状花序单生于叶腋，花雌雄异株或同株，雌花位于茎上部，其下为雄花，呈圆锥状。雄花花被片4枚，船状椭圆形；雄蕊4枚。雌花花被纺锤形或椭圆形，顶端有2个小齿。花果期7—10月。前进、锦潭、横石塘、云岭、沙口管理站均有分布。茎皮纤维可造纸、织布、制绳。全草可入药，治疗风湿痛、毒疮等症。

鳞片水麻 荨麻科 水麻属

■ *Debregeasia squamata* King ex Hook. f.

别名大血吉、野苎麻、山苎麻、山草麻、山野麻。落叶矮灌木。叶薄纸质，卵形，先端短渐尖，基部圆形，边缘具锯齿状，基出脉3条，基侧出2脉弧曲。花序雌雄同株，生于当年生枝和老枝上，2~3回二歧分枝。雄花具短梗，芽时球形；花被片3或4枚；雄蕊3或4枚。雌花较小，黄绿色，倒卵形。瘦果浆果状，橙红色。花果期8—12月。沙口管理站石坑有分布。

锐齿楼梯草 荨麻科 楼梯草属

■ *Elatostema cyrtandrifolium* (Zoll. et Mor.) Miq.

多年生草本。叶柄短或无；叶草质或膜质，斜椭圆形，顶端长渐尖或渐尖，基部在狭侧楔形，基部在宽侧宽楔形或圆形，边缘在基部之上有牙齿。花序雌雄异株。雄花序单生于叶腋，有梗。雄花4基数，无毛。雌花序近无梗或有短梗。瘦果褐色，卵球形，有6条或更多的纵肋。花果期4—10月。前进、锦潭、横石塘、云岭、沙口管理站均有分布。全草可入药。

楼梯草 荨麻科 楼梯草属

■ *Elatostema involucratum* Franch. et Sav.

别名半边伞、养血草、冷草、鹿角七、上天梯。多年生草本。叶无柄或近无柄；叶草质，斜倒披针状长圆形或斜长圆形，基部在宽侧圆形或浅心形，边缘在基部之上有较多牙齿，侧脉每侧5～8条。花序雌雄同株或异株。雄花序有梗；花被片5枚；雄蕊5枚。雌花序具极短梗。瘦果卵球形，有少数不明显纵肋。花果期5—10月。前进、锦潭、横石塘、云岭、沙口管理站均有分布。全草可入药，具有活血祛瘀、利尿、消肿的功效。

毛花点草 荨麻科 花点草属

■ *Nanocnide lobata* Wedd.

别名灯笼草、蛇药草、小九龙盘、雪药、泡泡草。一年生或多年生草本。叶膜质，宽卵形，先端钝或锐尖，基部近截形，边缘每边具4～5枚齿，基出脉3～5条。雌花序由多数花组成团聚伞花序，具短梗或无梗。雄花淡绿色；花被5深裂；雄蕊5枚。雌花花被片绿色，不等4深裂。瘦果卵形，压扁，褐色，有疣点状突起。花期4—6月，果期6—8月。锦潭管理站联山有分布。全草可入药，清热解毒，治疗烧烫伤、热毒疮、湿疹等。

小叶冷水花 荨麻科 冷水花属

■ *Pilea microphylla* (L.) Liebm.

别名透明草、小叶冷水麻。纤细小草本。叶很小，同对的不等大，倒卵形至匙形，先端钝，基部楔形或渐狭，边缘全缘。花雌雄同株，有时同序，聚伞花序密集成近头状。雄花具梗；花被片4枚；雄蕊4枚。雌花更小；花被片3枚；退化雄蕊不明显。瘦果卵形，熟时变褐色。花果期5—10期。前进、锦潭、横石塘、云岭、沙口管理站均有分布。

冷水花 荨麻科 冷水花属

■ *Pilea notata* C. H. Wright

别名长柄冷水麻。多年生草本。叶纸质，狭卵形等，先端尾状渐尖，基部圆形，边缘自下部至先端有浅锯齿，基出脉3条，其侧出的2条弧曲，侧脉8～13对。花雌雄异株；雄花序聚伞总状；雌聚伞花序较短而密集。雄花花被片4深裂；雄蕊4枚，花药白色或带粉红色。瘦果小，圆卵形，顶端歪斜，熟时绿褐色；宿存花被片3深裂。花期6—9月，果期9—11月。前进、锦潭、横石塘、云岭、沙口管理站均有分布。全草可入药，具有清热利湿、生津止渴的功效。

盾叶冷水花 荨麻科 冷水花属

Pilea peltata Hance

别名盾状冷水花、背花疮、石苋菜。肉质草本。叶肉质，常盾状着生，近圆形，稀扁圆形，先端锐尖或钝，基部心形，边缘自下部有时自基部以上有数枚圆齿，基出脉3条。花雌雄同株或异株；团伞花序由数朵花紧缩而成。雄花淡黄绿色；花被片4枚；雄蕊4枚。雌花近无梗；花被片3枚，不等大。瘦果卵形，果时扁，顶端歪斜，棕褐色，光滑。花期6—8月，果期8—9月。前进、锦潭、云岭管理站乌田、八宝、水头有分布。

齿叶矮冷水花 荨麻科 冷水花属

Pilea peploides var. *major* Wedd.

别名苔水花、矮冷水麻、水苋菜、苎艾冷水花、虎牙草。草本。叶菱状扁圆形，先端圆或钝，基部钝形，边缘在中部有浅牙齿。花序几乎无梗，呈簇生状；雌花被片2枚。瘦果熟时深褐色。花期4—5月，果期5—7月。前进、锦潭、横石塘、云岭、沙口管理站均有分布。全草可入药，具有清热解毒、祛瘀止痛的功效。

粗齿冷水花 荨麻科 冷水花属

■ *Pilea sinofasciata* C. J. Chen

别名扁化冷水花、扇花冷水花、宫麻、紫绿草。草本。叶同对近等大，椭圆形等，先端常长尾状渐尖，基部楔形，边缘在基部以上有齿，基出脉3条。花雌雄异株或同株；花序聚伞圆锥状。雄花具短梗；花被片4枚；雄蕊4枚。雌花花被片3枚，近等大。瘦果圆卵形，顶端歪斜，熟时外面常有细疣点。花期6—7月，果期8—10月。锦潭管理站联山有分布。

多枝雾水葛 荨麻科 雾水葛属

■ *Pouzolzia zeylanica* var. *microphylla* (Wedd.) W. T. Wang

多年生草本或亚灌木。茎下部叶对生，上部叶互生，分枝的叶常全部互生或下部的对生，叶形变化较大，卵形、狭卵形至披针形。花果期4—10月。前进、锦潭、横石塘、云岭、沙口管理站均有分布。

藤麻 荨麻科 藤麻属

Procris wightiana Wall. ex Wedd.

多年生草本。叶生于茎或分枝上部，无毛；叶两侧稍不对称，狭长圆形，顶端渐尖，基部渐狭，边缘中部以上有少数浅齿或波状。雄花序通常生于雌花序之下，簇生。雄花5基数。雌花序簇生，有多数花。雌花无梗；花被片4枚；子房椭圆形，柱头小。瘦果褐色，狭卵形，扁。花期7—8月，果期8—12月。锦潭管理站联山有分布。

171. 冬青科 Aquifoliaceae

秤星树 冬青科 冬青属

■ *Ilex asprella* (Hook. et Arn.) Champ. ex Benth.

别名梅叶冬青、岗梅、假青梅、灯花树、苦梅根、假秤星、秤星木。落叶灌木。叶膜质，在长枝上互生，卵形，先端尾状渐尖，基部钝形，边缘具锯齿。雄花序2或3朵花呈束状或单生于叶腋或鳞片腋内；花4或5基数；花冠白色；雄蕊4或5枚。雌花序单生于叶腋或鳞片腋内；花4～6基数；花萼4～6深裂；花冠辐状。果球形，熟时变黑。花期3月，果期4—10月。前进、锦潭、横石塘、云岭、沙口管理站均有分布。根、叶可入药，具有清热解毒、生津止渴、消肿散瘀的功效。

凹叶冬青 冬青科 冬青属

■ *Ilex championii* Loes.

常绿灌木或乔木。叶厚革质，卵形，先端圆，基部钝形，全缘。雄花序由具1～3花的聚伞花序分枝簇生于二年生枝的叶腋内；花4基数，白色；花冠辐状。雌花未见。果序簇生于当年生枝叶腋内，单个分枝具1～3朵果；果扁球形，熟后红色，宿存花萼平展。花期6月，果期8—11月。锦潭管理站联山有分布。

沙坝冬青 冬青科 冬青属

■ *Ilex chapaensis* Merr.

落叶乔木。叶片纸质，卵状椭圆形，先端短渐尖或钝，基部钝形，边缘具浅圆齿。花白色；雄花序假簇生，每分枝具1～5朵花；花6～8基数。雌花单生于缩短枝顶端鳞片腋内；花萼6或7基数；子房卵球形。果球形，熟时变黑，基部具宿存的平展圆形花萼，顶端具柱状宿存柱头。花期4月，果期10—11月。前进管理站前进有分布。

齿叶冬青 冬青科 冬青属

■ *Ilex crenata* Thunb.

别名波缘冬青、钝齿冬青、圆齿冬青、假黄杨。多枝常绿灌木。叶革质，倒卵形，先端圆，基部钝形或楔形，边缘具圆齿状锯齿。雄花1～7朵排成聚伞花序；花4基数，白色；花瓣4片。雌花单花，2或3朵花组成聚伞花序生于当年生枝的叶腋内。果球形，熟后呈黑色；果宿存花萼平展。花期5—6月，果期8—10月。前进、锦潭管理站前进、联山有分布。

显脉冬青 冬青科 冬青属

■ *Ilex editicostata* Hu et Tang

常绿灌木至小乔木。叶厚革质，披针形，先端渐尖，基部楔形，全缘，反卷。聚伞花序或二歧聚伞花序单生于当年生枝的叶腋内；花白色，4或5基数。雄花序花萼浅杯状；花冠辐状。雌花序未见。果近球形，熟时红色。花期5—6月，果期8—11月。前进管理站前进有分布。

厚叶冬青 冬青科 冬青属

■ *Ilex elmerrilliana* S. Y. Hu

常绿灌木或小乔木。叶片厚革质，椭圆形，先端渐尖，基部楔形或钝形，全缘。花序簇生于二年生枝的叶腋内或当年生枝的鳞片腋内；花5~8基数，白色。雌花序由具单花的分枝簇生；花萼同雄花；花冠直立；子房近球形，花柱明显，柱头头状。果球形，熟后红色。花期4—5月，果期7—11月。前进、锦潭、横石塘、云岭、沙口管理站均有分布。

广东冬青 冬青科 冬青属

■ *Ilex kwangtungensis* Merr.

常绿灌木或小乔木。叶近革质，卵状椭圆形，先端渐尖，基部钝形至圆形，边缘具细小锯齿或近全缘。复合聚伞花序单生于当年生的叶腋内。雄花序为2~4回二歧聚伞花序，具12~20朵花；花紫色或粉红色。雌花序具1~2回二歧式聚伞花序，具花3~7朵；花4基数，淡紫色或淡红色。果椭圆形，熟时红色。花期6月，果期9—11月。前进、锦潭、横石塘管理站均有分布。可作庭园绿化树。

矮冬青 冬青科 冬青属

■ *Ilex lohfauensis* Merr.

别名罗浮冬青。常绿灌木或小乔木。叶薄革质或纸质，长圆形，先端微凹，基部楔形，全缘。花序簇生于二年生枝的叶腋内。雄花序由具1～3朵花的聚伞花序簇生；花4～5基数，粉红色。雌花2～3花簇生于二年生枝的叶腋内，单个分枝具1朵花；子房卵球形，柱头盘状凸起，花柱明显。果球形，熟后红色。花期6—7月，果期8—12月。锦潭、横石塘管理站联山、石门台有分布。

谷木叶冬青 冬青科 冬青属

■ *Ilex memecylifolia* Champ. ex Benth

别名谷木冬青。常绿乔木。叶革质，卵状长圆形，先端渐尖或钝，基部楔形或钝形，全缘。花序簇生于二年生枝的叶腋内，常与1个休眠腋芽并生；花4～6基数，白色、芳香。雄花序的单个分枝为1～3朵花的聚伞花序；雄蕊与花瓣等长，花药卵球形。雌花序簇的单个分枝具1朵花；花萼与花冠同雄花；退化雄蕊长为花瓣的3/4；子房近卵球形，花柱明显，柱头头状。果球形，熟时红色。花期3—4月，果期7—12月。前进、锦潭管理站前进、联山有分布。

173. 卫矛科 Celastraceae

南蛇藤 卫矛科 南蛇藤属

■ *Celastrus orbiculatus* Thunb.

别名蔓性落霜红、南蛇风、大南蛇、香龙草。藤本。叶常阔倒卵形，先端圆阔，具有小尖头或短渐尖，基部阔楔形，边缘具锯齿，侧脉3～5对。聚伞花序腋生，间有顶生，花序有小花1～3朵。雄花萼片钝三角形；花瓣倒卵椭圆形。雌花花冠较雄花窄小；子房近球状，花柱柱头3深裂，裂端再2浅裂。蒴果近球状。花期5—6月，果期7—10月。前进、锦潭、横石塘、云岭、沙口管理站均有分布地。成熟果实可入药，树皮可制纤维，种子含油50%。

扶芳藤 卫矛科 卫矛属

Euonymus fortunei (Turcz.) Hand.-Mazz.

常绿藤状灌木。叶薄革质，椭圆形，宽窄变异较大，先端钝或急尖，基部楔形，边缘齿浅不明显。聚伞花序3～4回分枝；花序梗有花4～7朵，分枝中央有单花；花白绿色，4数；子房三角锥状，具4条棱，粗壮明显。蒴果粉红色，果皮光滑，近球状。花期6月，果期10月。锦潭、横石塘管理站联山、石门台有分布。

湖广卫矛 卫矛科 卫矛属

Euonymus hukuangensis C. Y. Cheng ex J. S. Ma

灌木至小乔木。茎和枝圆柱形，褐色，小枝粗壮。叶倒卵状椭圆形或椭圆形，先端短尖，基部渐尖或楔形，全缘，侧脉7～8对，不明显，在边缘前消失。聚伞花序腋生；具1至数朵花；花4数；萼片近圆形；花瓣近圆形。果4裂；种子每室2颗，近圆形，新鲜时红色，干时红色或黑色，具假种皮。花期6月，果期7—10月。前进、锦潭管理站前进、联山有分布。

疏花卫矛 卫矛科 卫矛属

■ *Euonymus laxiflorus* Champ. ex Benth.

灌木。叶纸质，卵状椭圆形，先端钝渐尖，基部阔楔形或稍圆，全缘或具不明显齿。聚伞花序分枝疏松，5～9朵花；花紫色，5数；雄蕊无花丝，花药顶裂；子房无花柱，柱头圆形。蒴果紫红色，倒圆锥状。花期6月，果期7—12月。前进、锦潭、横石塘、云岭、沙口管理站均有分布。皮部药用，作土杜仲。

雷公藤 卫矛科 雷公藤属

■ *Tripterygium wilfordii* Hook. f.

藤本灌木。叶椭圆形，先端急尖，基部阔楔形或圆形，边缘有细锯齿，侧脉4～7对。圆锥聚伞花序较窄小，常3～5个分枝；花白色；子房具3条棱，柱头稍膨大，3裂。翅果长圆状，小果梗细圆。花期7月，果期9—11月。前进管理站前进有分布。

179. 茶茱萸科 Icacinaceae

桃叶珊瑚 茶茱萸科 桃叶珊瑚属

■ *Aucuba chinensis* Benth.

常绿小乔木或灌木。叶革质，椭圆形，先端锐尖或钝尖，基部阔楔形或楔形，稀两侧不对称，边缘微反卷，常具5～8对锯齿或腺状齿。圆锥花序顶生；雄花绿色（2月），紫红色花萼先端4齿裂；花瓣4片；雄蕊4枚。雌花序较雄花序短，子房圆柱形，花柱粗壮，柱头头状，微偏斜。幼果绿色，熟时鲜红色，圆柱状或卵状。花期1—2月，果期达翌年2月，常与1～2年生果序同存于枝上。前进、横石塘管理站前进、石门台有分布。

马比木 茶茱萸科 假柴龙树属

■ *Nothapodytes pittosporoides* (Oliv.) Sleum.

矮灌木或少为乔木。叶长圆形，先端长渐尖，基部楔形，薄革质。聚伞花序顶生，花序轴通常平扁，被长硬毛。花萼绿色，钟形，膜质，5裂齿；花瓣黄色；子房近球形，密被长硬毛，花柱绿色，柱头头状。核果椭圆形至长圆状卵形，稍扁，幼果绿色，转黄色，熟时为红色。花期4—6月，果期6—8月。前进、锦潭管理站乌田、八宝有分布。

185. 桑寄生科 Loranthaceae

油茶离瓣寄生 桑寄生科 离瓣寄生属

■ *Helixanthera sampsoni* (Hance) Danser

别名油茶桑寄生。叶纸质，常对生，卵形等，顶端短钝尖，基部阔楔形。总状花序，1~2个腋生，偶3个生于短枝顶部，具花2~5朵；副萼环状；花冠花蕾时柱状，近基部稍膨胀，具4条钝棱，花瓣4片；花柱4枚，柱头头状。果卵球形，红色或橙色。花期4—6月，果期8—10月。横石塘、沙口管理站石门台、江溪有分布，常寄生于油茶或山茶科、樟科、柿科、大戟科、天料木科植物上。

棱枝槲寄生 桑寄生科 槲寄生属

Viscum diospyrosicolum Hayata

别名柿寄生、桐木寄生。亚灌木。幼苗期具叶2～3对，叶片薄革质，椭圆形，顶端钝，基部狭楔形；基出脉3条；成长植株的叶退化呈鳞片状。聚伞花序，1～3个腋生；雄花花蕾时卵球形，萼片4枚；雌花花蕾时椭圆状，花托椭圆状，萼片4枚。果椭圆状或卵球形，黄色或橙色，果皮平滑。花果期4—12月。横石塘、沙口管理站石门台、江溪有分布，寄生于柿树、樟树、梨树、油桐或壳斗科等多种植物上。

枫香槲寄生 桑寄生科 槲寄生属

Viscum liquidambaricolum Hayata

别名枫寄生、枫树寄生、螃蟹脚、桐树寄生、赤柯寄生。灌木。叶退化呈鳞片状。聚伞花序，1～3个腋生，具花1～3朵，常仅具1朵雌花或雄花，或中央1朵为雌花，侧生的为雄花；雄花花蕾时近球形，萼片4枚；雌花花蕾时椭圆状，花托长卵球形，基部具杯状苞片或无，萼片4枚，柱头乳头状。果椭圆状或卵球形，熟时呈橙红色或黄色。花果期4—12月。前进、锦潭管理站前进、联山有分布。全株可入药，治疗风湿性关节疼痛、腰肌劳损。

186. 檀香科 Santalaceae

檀梨 檀香科 檀香属

■ *Pyrularia edulis* (Wall.) A. DC.

别名油葫芦、鹿子果。小乔木或灌木。叶纸质或带肉质，卵状长圆形，顶端渐尖或短尖，基部阔楔形至近圆形，侧脉4～6对。雄花集成总状花序；花序顶生或腋生；花被裂片5～6枚，三角形，外被长绒毛；花盘5～6裂。雌花或两性花单生，子房棒状；花柱短。核果梨形；外果皮肉质并有黏胶质。花期4月，果期5—6月。前进管理站前进有分布。种子含油量为56%～65%，加工后可食，亦可制作皂和入药。

189. 蛇菰科 Balanophoraceae

疏花蛇菰 蛇菰科 蛇菰属

■ *Balanophora laxiflora* Hemsl.

别名石上莲、山菠萝、通天蜡烛。草本。根茎分枝，分枝近球形，表面密被粗糙小斑点和明显淡黄白色星芒状皮孔；鳞苞片椭圆状长圆形，顶端钝，互生，8～14枚。花雌雄异株（序）；雄花序圆柱状，顶端渐尖；雄花近辐射对称，疏生于雄花序上。雌花序卵圆形；子房卵圆形，具细长花柱和短柄。花期9—10月，果期11—12月。前进、锦潭、横石塘、云岭、沙口管理站均有分布。全株可入药，治疗痔疮、虚劳出血和腰痛等。

190. 鼠李科 Rhamnaceae

铜钱树 鼠李科 马甲子属

■ *Paliurus hemsleyanus* Rehd.

别名鸟不宿、钱串树、金钱树、摇钱树、刺凉子。乔木，稀灌木。叶互生，纸质，宽椭圆形，顶端长渐尖，基部偏斜，宽楔形，边缘具齿，基生三出脉。聚伞花序或聚伞圆锥花序，顶生或兼有腋生；花瓣匙形；雄蕊长于花瓣；子房3室，花柱3深裂。核果草帽状，周围具革质宽翅，红褐色或紫红色。花期4—6月，果期7—9月。锦潭、沙口管理站八宝、江溪有分布。树皮含鞣质，可提制栲胶。

长叶冻绿 鼠李科 鼠李属

■ *Rhamnus crenata* Sieb. et Zucc.

别名黄药、长叶绿柴、冻绿、绿柴、山绿篱、绿篱柴、山黑子、过路黄、山黄、水冻绿、苦李根、钝齿鼠李。落叶灌木或小乔木。叶纸质，倒卵状椭圆形等，顶端渐尖，基部楔形或钝形，边缘具齿。花数个或10个密集成腋生于聚伞花序；花瓣顶端2裂；子房球形。核果球形或倒卵状球形，绿或红色，熟时黑或紫黑色。花期5—8月，果期8—10月。锦潭管理站联山有分布。根有毒，用根、皮煎水或醋浸洗可治疗顽癣或疥疮；根和果实含黄色染料。

山鼠李 鼠李科 鼠李属

■ *Rhamnus wilsonii* Schneid.

别名庐山鼠李、冻绿、郊李子。灌木。叶纸质，互生，椭圆形等，顶端渐尖，基部楔形，边缘具齿。花单性，雌雄异株，黄绿色，数个至20余个簇生于当年生枝的基部或1至数个腋生，4基数；雄花有花瓣；雌花有退化雄蕊，子房球形，3室。核果倒卵状球形，熟时呈紫黑色。花期4—5月，果期6—10月。锦潭、云岭管理站八宝、水头有分布。

钩刺雀梅藤 鼠李科 雀梅藤属

■ *Sageretia hamosa* (Wall.) Brongn.

别名钩雀梅藤、猴栗。常绿藤状灌木。叶革质，互生或近对生，矩圆形，顶端尾状渐尖，基部圆形，边缘具细锯齿。花无梗，无毛，常2～3朵簇生，疏散排列成顶生或腋生穗状或穗状圆锥花序；子房2室，花柱短，柱头头状。核果近球形，近无梗，熟时深红色，常被白粉。花期7—8月，果期8—10月。锦潭、沙口管理站联山、石坑有分布。

皱叶雀梅藤 鼠李科 雀梅藤属

■ *Sageretia rugosa* Hance

别名锈毛雀梅藤、九把伞。藤状或直立灌木。叶纸质，互生或近对生，卵状矩圆形，顶端锐尖，稀圆形，基部近圆形，边缘具细锯齿。花无梗，具2枚披针形小苞片，常排成顶生或腋生穗状或穗状圆锥花序；花瓣匙形，顶端2浅裂；子房藏于花盘内，花柱短，柱头头状，不分裂。核果圆球形，熟时红色。花期7—12月，果期翌年3—4月。锦潭管理站八宝有分布。

191. 胡颓子科 Elaeagnaceae

蔓胡颓子 胡颓子科 胡颓子属

■ *Elaeagnus glabra* Thunb.

别名抱君子、藤胡颓子。常绿蔓生或攀援灌木。叶革质，卵形等，顶端渐尖，基部圆形，稀阔楔形，边缘全缘。花淡白色，常3~7朵花密生于叶腋短小枝上成伞形总状花序。果矩圆形，被锈色鳞片，熟时红色。花期9—11月，果期翌年4—5月。锦潭管理站联山有分布。果可食或酿酒；根、叶可入药，具有行气止痛、收敛止泻、平喘止咳的功效；茎皮可代麻、可造纸或纤维板。

角花胡颓子 胡颓子科 胡颓子属

■ *Elaeagnus gonyanthes* Benth.

常绿攀援灌木。叶革质，椭圆形，顶端钝，基部圆形，稀窄狭，边缘微反卷，上面幼时被锈色鳞片。花白色，被银白色和散生褐色鳞片，单生于新枝基部叶腋；萼筒四角形（角柱状）或短钟形；雄蕊4枚；花柱直立，柱头粗短。果阔椭圆形，幼时被黄褐色鳞片，熟时黄红色。花期10—11月，果期翌年2—3月。前进、锦潭管理站乌田、八宝有分布。全株可入药，治疗痢疾、跌打、瘀积等；果可食。

193. 葡萄科 Vitaceae

翼茎白粉藤 葡萄科 白粉藤属

■ *Cissus pteroclada* Hayata

别名山老鸹藤。草质藤本。叶卵圆形，顶端短尾尖，基部心形，边缘每侧有6~9个细牙齿。花序顶生或与叶对生，集生成伞形花序；花瓣4片，花盘明显，4裂；子房下部与花盘合生，花柱短，钻形，柱头微扩大。果倒卵椭圆形。花期6—8月，果期8—12月。锦潭、横石塘、云岭、沙口管理站均有分布。

白粉藤 葡萄科 白粉藤属

■ *Cissus repens* Lamk.

草质藤本。叶心状卵圆形，顶端急尖或渐尖，基部心形，边缘有细锐锯齿；基出脉3～5条，中脉有侧脉3～4对。花序顶生或与叶对生，2级分枝4～5枝集生成伞形；花瓣4片；雄蕊4枚；子房下部与花盘合生。果实倒卵圆形。花期7—8月，果期8—11月。锦潭管理站联山有分布。

194. 芸香科 Rutaceae

齿叶黄皮 芸香科 黄皮属

■ *Clausena dunniana* Levl.

冬季落叶小乔木。叶有小叶5～15片；小叶卵形至披针形，顶部急尖或渐尖，基部两侧不对称，叶边缘有圆形或钝形裂齿。花序顶生兼有生于小枝的近顶部叶腋间；花萼裂片及花瓣均4数；雄蕊8枚，稀兼有10枚；花柱比子房短，子房近圆球形。果近圆球形，初时暗黄色，后变红色，透熟时蓝黑色。花期6—7月，果期10—11月。锦潭管理站八宝有分布。叶含近40种精油，有较强抑菌活性。

*黄皮 芸香科 黄皮属

■ *Clausena lansium* (Lour.) Skeels.

别名黄弹。小乔木。叶有小叶5～11片，小叶卵形或卵状椭圆形，常一侧偏斜，基部近圆形，两侧不对称，边缘波浪状或具浅的圆裂齿。圆锥花序顶生；花萼裂片阔卵形；雄蕊10枚；子房密被直长毛，子房柄短。果圆形等，淡黄至暗黄色。花期4—5月，果期7—8月。前进、锦潭、横石塘、云岭、沙口管理站均有栽培。叶和根含黄酮甙、生物碱、香豆素及酚类化合物，种子含油约53%。

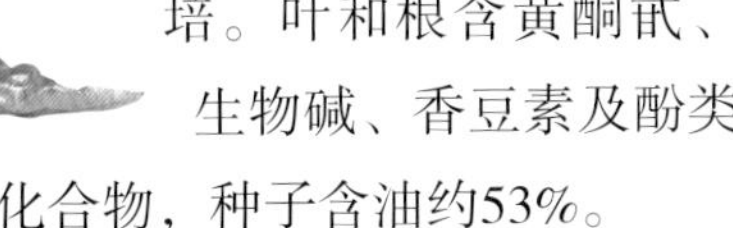

小芸木 芸香科 小芸木属

■ *Micromelum integerrimum* (Buch.-Ham.) Roem.

小乔木。叶有小叶7～15片，小叶互生或近对生，斜卵状椭圆形，边全缘，两侧不对称。花蕾淡绿色，花开放时花瓣淡黄白色；雄蕊10枚；柱头头状，子房柄伸长，结果时尤明显。果椭圆形或倒卵形，透熟时由橙黄色转朱红色。花期2—4月，果期7—9月。前进、锦潭管理站乌田、八宝有分布。全株可入药，多用根，治疗感冒咳嗽、风湿骨痛等。

乔木茵芋　芸香科 茵芋属

■ *Skimmia arborescens* Anders.

小乔木。叶干后薄纸质，椭圆形，侧脉每边7～10条。花序轴被微绒毛或无毛；苞片阔卵形；萼片比苞片稍大；花瓣5片；雄花的雄蕊比花瓣长，花丝线状；雌花的不育雄蕊比花瓣短，子房近圆球形，柱头头状。果圆球形，蓝黑色。花期4—6月，果期7—9月。前进、锦潭管理站前进、联山有分布。

竹叶花椒　芸香科 花椒属

■ *Zanthoxylum armatum* DC.

别名万花针、白总管、竹叶总管、山花椒、狗椒、野花椒、崖椒、秦椒、蜀椒。落叶小乔木。叶有小叶3～9片（稀11片）；小叶对生，常披针形，两端尖，基部宽楔形。花序近腋生，有花30朵以内；花被片6～8枚；雄花雄蕊5～6枚；不育雌蕊垫状凸起，顶端2～3浅裂；雌花有心皮2～3片，不育雄蕊短线状。果紫红色。花期4—5月，果期8—10月。前进、锦潭、横石塘、云岭、沙口管理站均有分布。果可作食物调味料；根、茎、叶、果及种子可入药，具有祛风散寒的功效。

198. 无患子科 Sapindaceae

黄梨木 无患子科 黄梨木属

■ *Boniodendron minus* (Hemsl.) T. Chen

小乔木。叶聚生于小枝先端，一回偶数羽状复叶；小叶10～20片，纸质，披针形，顶端钝，基部偏斜，一侧楔形，边缘有钝锯齿。聚伞圆锥花序顶生，少腋生；分枝广展；花淡黄色至近白色；萼片5枚，边具缘毛；雄蕊8枚；子房具3条沟槽，被毛。蒴果轮廓近球形，具3翅，顶端凹入并具宿存花柱。花期5—6月，果期7—8月。前进、锦潭管理站乌田、八宝有分布。可材用，种子油可工业用。

龙眼 无患子科 龙眼属

■ *Dimocarpus longan* Lour.

别名圆眼、桂圆、羊眼果树。具板根的常绿乔木。小叶4 ~ 5对，少3或6对，薄革质，长圆状椭圆形，两侧常不对称，顶端短尖，基部极不对称。花序大型，多分枝；花梗短；萼片近革质；花瓣乳白色。果近球形，常黄褐色。花期春夏间，果期夏季。前进、锦潭、横石塘、云岭、沙口管理站均有分布。假种皮富含维生素和磷质，益脾、健脑，亦可入药，种子含淀粉，可酿酒；可材用。

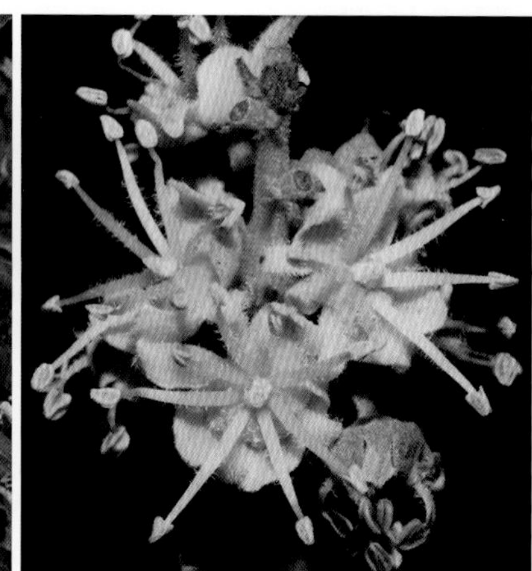

伞花木 无患子科 伞花木属

■ *Eurycorymbus cavaleriei* (Levl.) Rehd. et Hand.-Mazz.

落叶乔木。叶轴被皱曲绒毛；小叶4 ~ 10对，近对生，薄纸质，长圆状披针形，顶端渐尖，基部阔楔形。花序半球状，稠密而极多花；花芳香；萼片外面被短绒毛；花瓣外面被长绒毛；花丝无毛；子房被绒毛。蒴果的发育果爿被绒毛。花期5—6月，果期10月。前进管理站乌田有分布。国家Ⅱ级重点保护野生植物。

200. 槭树科 Aceraceae

樟叶槭 槭树科 槭属

■ *Acer cinnamomifolium* Hayata

别名桂叶槭。常绿乔木。叶革质，长圆椭圆形，基部圆形，先端钝，具短尖头，全缘或近全缘；叶柄淡紫色，被绒毛。花瓣白色，细长条形；雄蕊短于花瓣。翅果淡黄褐色，常成被绒毛的伞房果序；小坚果凸起；翅和小坚果张开成锐角或近于直角；果梗细瘦，被绒毛。花期3—4月，果期7—9月。前进管理站乌田有分布。

罗浮槭 槭树科 槭属

Acer fabri Hance

常绿乔木。叶革质，披针形等，全缘，基部楔形或钝形，先端锐尖或短锐尖。花杂性，雄花与两性花同株，常成无毛或嫩时被绒毛的紫色伞房花序；萼片5枚，紫色；花瓣5片，白色，倒卵形，略短于萼片；雄蕊8枚，无毛；子房无毛，花柱短，柱头平展。翅果嫩时紫色，熟时呈黄褐色或淡褐色；小坚果凸起；翅与小坚果张开成钝角。花期3—4月，果期9月。锦潭、横石塘管理站联山、石门台有分布。

中华槭 槭树科 槭属

Acer sinense Pax

别名华槭、华槭树、丫角树。落叶乔木。叶近革质，基部心形，常5裂；叶柄粗壮，无毛。花杂性，雄花与两性花同株，多花组成下垂的顶生圆锥花序；萼片5枚，淡绿色；花瓣5片，白色；雄蕊5～8枚，长于萼片；子房有白色疏绒毛，在雄花中不发育，花柱无毛，2裂，柱头平展或反卷。翅果淡黄色，无毛，常成下垂的圆锥果序；小坚果椭圆形，特别凸起；翅宽连同小坚果张开近水平，稀锐角或钝角。花期5月，果期9月。锦潭管理站联山有分布。

粗柄槭 槭树科 槭属

■ *Acer tonkinense* H. Lec.

落叶乔木。叶近革质，近椭圆形，基部近圆形，中段以上3裂，先端渐尖或锐尖，边缘近全缘；主脉3条；叶柄粗壮，浅紫绿色。花序圆锥状，每小花序有3～5朵花；萼片5枚，淡紫绿色，三角形；花瓣5片，淡黄色；雄蕊8枚；子房有很密的短绒毛。小坚果近卵圆形，嫩时淡紫色，熟后淡黄色，翅镰刀形，张开近于水平。花期4月下旬至5月上旬，果期9月。锦潭管理站八宝有分布。

201. 清风藤科 Sabiaceae

香皮树 清风藤科 泡花树属

■ *Meliosma fordii* Hemsl.

别名过家见、过假麻、钝叶泡花树。乔木。单叶，叶近革质，倒披针形，先端渐尖，稀钝，基部狭楔形，下延，全缘或近顶部有数锯齿。圆锥花序宽广，顶生或近顶生，3～5回分枝；外面3片花瓣近圆形，无毛，内面2片花瓣2裂达中部，裂片线形；子房无毛，约与花柱等长。果近球形或扁球形，核具明显网纹凸起。花期5—7月，果期8—10月。锦潭管理站八宝有分布。树皮及叶可入药，滑肠治便秘。

狭序泡花树 清风藤科 泡花树属

■ *Meliosma paupera* Hand.-Mazz.

小乔木或乔木。单叶、薄革质，倒披针形等，先端渐尖，基部渐狭，下延，全缘或中部以上每边有1~4个疏而具刺的锯齿。圆锥花序顶生，呈疏散扫帚状，具3~4回分枝；萼片5枚，宽卵形；雌蕊与雄蕊近等长，子房无毛，花柱长约为子房一半。果球形，核近球形，具细而钝凸起的网纹。花期夏季，果期8—10月。前进、锦潭管理站乌田、八宝有分布。

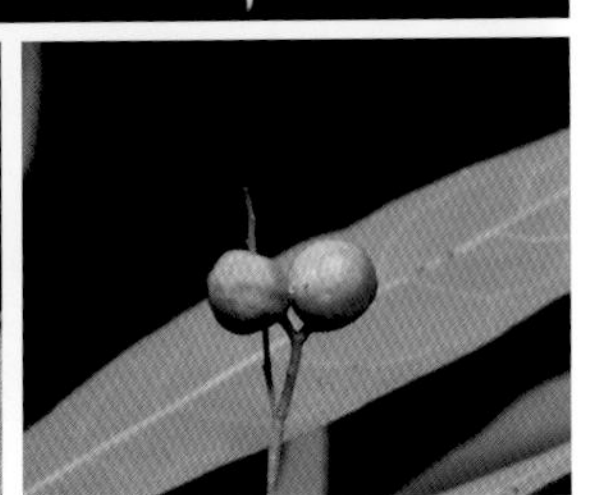

山様叶泡花树 清风藤科 泡花树属

■ *Meliosma thorelii* Lecomte

乔木。单叶，革质、倒披针状椭圆形等，先端渐尖，约3/4以下渐狭至基部成狭楔形，下延至柄，全缘或中上部有锐尖的小锯齿。圆锥花序顶生或生于上部叶腋，直立，侧枝平展，被褐色短绒毛。花芳香，具短梗；萼片卵形，先端钝，有缘毛；外面3片白色花瓣，近圆形；子房被绒毛。核果球形，顶基稍扁而稍偏斜，核近球形。花期夏季，果期10—11月。锦潭管理站八宝有分布。种子油可作油漆和肥皂原料。

柠檬清风藤 清风藤科 清风藤属

■ *Sabia limoniacea* Wall.

常绿攀援木质藤本。叶革质，椭圆形等，先端短渐尖，基部阔楔形。聚伞花序有花2~4朵，再排成狭长圆锥花序；花淡绿色等；萼片5枚，有缘毛；花瓣5片，倒卵形，顶端圆，有5~7条脉纹；雄蕊5枚；子房无毛。分果爿近圆形或近肾形，红色。花期8—11月，果期翌年1—5月。前进、锦潭、横石塘、云岭、沙口管理站均有分布。

205. 漆树科 Anacardiaceae

利黄藤 漆树科 藤漆属

■ *Pegia sarmentosa* (Lecte.) Hand.-Mazz.

别名泌脂藤、脉果漆。攀援状木质藤本。奇数羽状复叶有小叶5~7对；小叶对生，薄纸质，长圆形等，先端渐尖或急尖，基部近心形，边缘上半部具疏离钝齿或近全缘。圆锥花序分枝疏散而纤细，被稀疏平展微绒毛；花萼无毛，裂片三角形；花瓣卵形或卵状椭圆形，无毛；雄蕊短；花盘无毛；子房球形，无毛，花柱侧生，柱头盾状。核果椭圆形或卵圆形，无毛，压扁。花期4月，果期5—6月。前进、锦潭管理站更古、八宝有分布。

木蜡树 漆树科 漆属

■ *Toxicodendron sylvestre* (Sieb. et Zucc.) O. Kuntze

别名七月倍、山漆树、野毛漆、野漆疮树。落叶乔木或小乔木。奇数羽状复叶互生，有小叶3～6对（稀7对）；小叶对生，纸质，卵形等，先端渐尖，基部不对称，圆形，全缘。圆锥花序密被锈色绒毛；花黄色；花瓣长圆形，具暗褐色脉纹；雄蕊伸出，花丝线形，花药卵形，无毛；花盘无毛；子房球形，无毛。核果极偏斜，压扁，先端偏于一侧，无毛，成熟时不裂。花期3月，果期5—8月。前进、锦潭、横石塘、云岭、沙口管理站均有分布。

207. 胡桃科 Juglandaceae

少叶黄杞 胡桃科 黄杞属

■ *Engelhardtia fenzlii* Merr.

别名黄榉。小乔木。偶数羽状复叶；小叶1～2对，叶片椭圆形等，全缘，基部歪斜，圆形，顶端短渐尖。花雌雄同株或稀异株。雌雄花序常生于枝顶端而成圆锥状或伞形状花序束，顶端1条为雌花序，下方数条为雄花序，均为葇荑状。雄花无柄，花被片4枚，雄蕊10～12枚。雌花花被片4枚，贴生于子房，柱头4裂。果序俯垂。果实球形，密被橙黄色腺体。7月开花，9—10月果实成熟。前进、锦潭管理站前进、联山有分布。树皮纤维质量好，可制人造棉，含鞣质可提栲胶；叶有毒，制成溶剂可防治病虫害，亦可毒鱼；可材用。

圆果化香树 胡桃科 化香树属

Platycarya longipes Wu

落叶小乔木。奇数羽状复叶；小叶3～5片，稀7小叶，边缘有细锯齿，侧生小叶长椭圆状披针形，甚部歪斜，楔形或阔楔形，顶端渐尖；顶生小叶椭圆状披针形，基部不歪斜，钝圆形，具柄。花序束生于枝条顶端，位于顶端中央的为两性花序，位于下方的为雄花序；雄花序常2～6条。雄花雄蕊8枚，花丝极短。雌花苞片卵状披针形，质硬，顶端渐尖。果序球果状，球形；果实小坚果状，两侧具狭翅，近圆形。花期5月，果期7—12月。前进、锦潭管理站乌田、八宝有分布。

209. 山茱萸科 Cornaceae

头状四照花 山茱萸科 四照花属

■ *Dendrobenthamia capitata* (Wall.) Hutch.

别名鸡嗉子。常绿乔木。叶对生，薄革质，长椭圆形等，先端突尖，有时具短尖尾，基部楔形。头状花序球形，由100余朵绿色花聚集而成；总苞片4枚，白色；花萼管状，先端4裂；花瓣4片，长圆形；雄蕊4枚；子房下位。果序扁球形，熟时呈紫红色。花期5—6月，果期9—10月。横石塘管理站石门台有分布。树皮可入药，枝、叶可提取单宁，果供食用。

香港四照花 山茱萸科 四照花属

Dendrobenthamia hongkongensis (Hemsl.) Hutch.

常绿乔木或灌木。叶对生，薄革质，椭圆形，先端短渐尖，基部宽楔形。头状花序球形，由50～70朵花聚集而成；总苞片4枚，白色；花瓣4片，淡黄色；雄蕊4枚；子房下位。果序球形，被白色细毛，成熟时黄色或红色。花期5—6月，果期11—12月。前进管理站乌田有分布。可材用；果可食，或作酿酒原料。

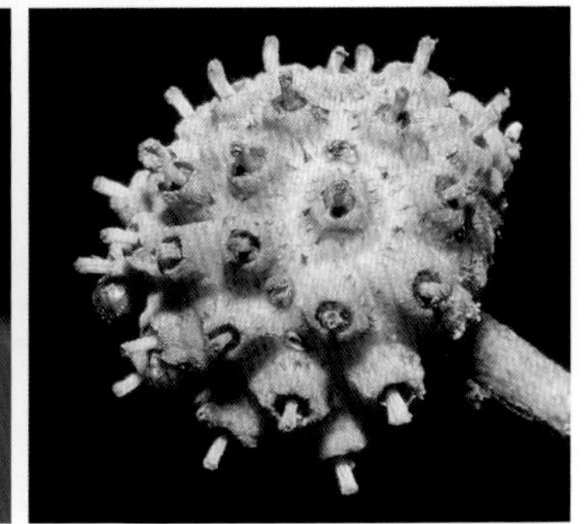

210. 八角枫科 Alangiaceae

小花八角枫 八角枫科 八角枫属

■ *Alangium chinense* (Lour.) Harms

落叶灌木。叶薄纸质，不裂或掌状3裂，不分裂者矩圆形，顶端渐尖，基部倾斜，近圆形或心脏形；叶柄疏生淡黄色粗伏毛。聚伞花序短而纤细，有5～10朵花，稀达20朵花；花萼近钟形，裂片7枚，三角形；花瓣5～6片；雄蕊5～6枚；子房1室。核果近卵圆形，幼时绿色，熟时呈淡紫色，顶端有宿存的萼裂片。花期6月，果期9月。沙口管理站石坑有分布。根可入药，具有清热解毒、消积食的功效。

212. 五加科 Araliaceae

楤木 五加科 楤木属

■ *Aralia chinensis* L.

别名鸟不宿、鹊不踏、虎阳刺、海桐皮、通刺、黄龙苞、刺龙柏、刺树椿、飞天蜈蚣。灌木或乔木。叶为二至三回羽状复叶；羽片有小叶5～11片，稀13片，基部有小叶1对；小叶片纸质，卵形等，先端渐尖，基部圆形，边缘有锯齿。圆锥花序大；伞形花序有花多数；花白色，芳香；花瓣5片；雄蕊5枚；子房5室，花柱5枚。果实球形，黑色，有5条棱；宿存花柱离生或合生至中部。花期7—9月，果期9—12月。前进管理站乌田有分布。茎皮常入药，具有镇痛消炎、祛风行气、祛湿活血的功效。

黄毛楤木 五加科 楤木属

■ *Aralia decaisneana* Hance

别名鸟不企。灌木。叶为二回羽状复叶；羽片有小叶7～13枚，基部有小叶1对；小叶片革质，卵形，先端渐尖，基部圆形，边缘有细尖锯齿。圆锥花序大；分枝长达60 厘米，密生黄棕色绒毛，疏生细刺；伞形花序有花30～50朵；花淡绿白色；萼边缘有5小齿；雄蕊5枚；子房5室；花柱5枚。果实球形，黑色，有5棱。花期10月至翌年1月，果期12月至翌年2月。前进管理站乌田有分布。根、皮可入药，祛风除湿、散瘀消肿。

长刺楤木 五加科 楤木属

■ *Aralia spinifolia* Merr.

别名刺叶楤木。灌木。叶大，二回羽状复叶，叶柄、叶轴和羽片轴密生或疏生刺和刺毛；羽片有小叶5～9枚，基部有小叶1对；小叶片薄纸质，长圆状卵形，先端渐尖，基部圆形，有时略歪斜，边缘有锯齿。圆锥花序大，花序轴和总花梗均密生刺和刺毛；伞形花序有花多数；花瓣5片，淡绿白色；子房5室；花柱5生。果实卵球形，黑褐色，有5棱。花期8—10月，果期10—12月。锦潭管理站联山有分布。

马蹄参 五加科 马蹄参属

■ *Diplopanax stachyanthus* Hand.-Mazz.

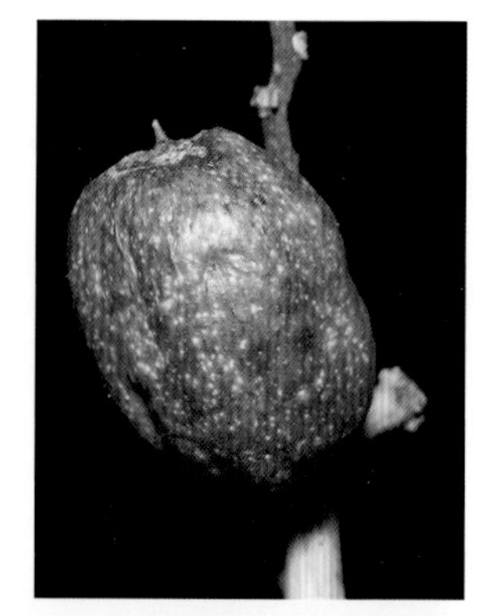

别名大果五加、野枇杷。乔木。叶革质，倒卵状披针形，先端短尖，基部狭楔形。穗状圆锥花序单生；花序上部的花单生，下部的花排成伞形花序；伞形花序有花3~5朵；花瓣5片，肉质；雄蕊10枚，5枚常不育；子房1室，花柱圆锥状。果实长圆状卵形或卵形，稍侧扁。花期6月，果期8—10月。锦潭管理站联山有分布。

常春藤 五加科 常春藤属

■ *Hedera nepalensis* var. *sinensis* (Tobl.) Rehd.

别名爬树藤、爬墙虎、三角枫、山葡萄、三角藤、爬崖藤。常绿攀援灌木。叶革质，不育枝上常三角状卵形；花枝上叶片常椭圆状卵形，全缘或有1~3浅裂。伞形花序单个顶生，或2~7个总状排列或伞房状排成圆锥花序，有花5~40朵；花淡黄白色；花瓣5片；雄蕊5枚；子房5室。果实球形，红色或黄色；宿存花柱长1.0~1.5毫米。花期9—11月，果期翌年3—5月。前进、锦潭管理站乌田、联山有分布。全株可入药，舒筋散风；茎、叶捣碎治衄血；枝叶供观赏。

星毛鹅掌柴 五加科 鹅掌柴属

■ *Schefflera minutistellata* Merr. ex Li

别名星毛鸭脚木、微星毛鸭母树、小星鸭脚木、鸭麻木。灌木或小乔木。叶有小叶7 ~ 15枚；小叶片纸质，卵状披针形，先端急尖至渐尖，基部钝形至圆形，稍歪斜。圆锥花序顶生；伞形花序有花10 ~ 30朵；雄蕊5枚；子房5室。果实球形，有5棱，有宿存的萼裂片。花期9月，果期10月。前进管理站前进有分布。

214. 桤叶树科（山柳科）Clethraceae

贵定桤叶树 桤叶树科 桤叶树属

Clethra cavaleriei Levl.

别名华中山柳、贵定山柳、江南山柳。落叶灌木或乔木。叶纸质，卵状椭圆形，先端近于短尖或渐尖，基部阔楔形，边缘具锐尖腺头锯齿。总状花序单一；萼5深裂；花瓣5片，白色或粉红色。蒴果近球形，下弯。花期7—8月，果期9—10月。锦潭管理站联山有分布。

215. 杜鹃花科 Ericaceae

灯笼树 杜鹃花科 吊钟花属

■ *Enkianthus chinensis* Franch.

别名钩钟、钩钟花、荔枝木、女儿红、贞榕、灯笼花。落叶灌木或小乔木。叶常聚生于枝顶，纸质，长圆形，先端钝尖，基部宽楔形，边缘具钝锯齿。花多数组成伞形花序状总状花序；花萼5裂；花冠阔钟形；雄蕊10枚；子房球形。蒴果卵圆形，室背开裂为5果瓣，果爿中间具微纵槽。花期5月，果期6—10月。锦潭管理站联山有分布。

滇白珠 杜鹃花科 白珠树属

■ *Gaultheria leucocarpa* var. *crenulata* (Kurz) T. Z. Hsu

别名筒花木、满山香、白珠木、康乐茶、九木香、鸡骨香、下山虎、透骨草、黑油果。常绿灌木。叶卵状长圆形，革质，先端尾状渐尖，基部钝圆形或心形，边缘具锯齿。总状花序腋生，有花10～15朵；花萼裂片5枚，具缘毛；花冠白绿色，钟形，口部5裂；雄蕊10枚；子房球形，被毛，花柱无毛。浆果状蒴果球形，黑色，5裂。花期5—6月，果期7—11月。前进、锦潭管理站前进、联山有分布。枝、叶可提芳香油；全株可入药，治疗风湿性关节炎。

小果珍珠花 杜鹃花科 南烛属

■ *Lyonia ovalifolia* var. *elliptica* (Sieb. et Zucc.) Hand.-Mazz.

别名小果南烛、線木、小果米饭花。常绿或落叶灌木或小乔木。叶纸质，卵形，先端渐尖，基部钝圆形。总状花序叶腋生，近基部有2～3枚叶状苞片；花萼深5裂；花冠圆筒状；雄蕊10枚；子房近球形，无毛。蒴果球形，缝线增厚。花期5—6月，果期7—9月。前进、锦潭、横石塘、云岭、沙口管理站均有分布。

刺毛杜鹃　杜鹃花科 杜鹃属

■ *Rhododendron championae* Hook.

别名太平杜鹃。常绿灌木。叶厚纸质，长圆状披针形，先端渐尖，基部楔形。伞形花序生于枝顶叶腋，有花2～7朵；花萼裂片形状多变，5深裂；花冠白色或淡红色，狭漏斗状；雄蕊10枚；子房长圆形。蒴果圆柱形，微弯曲，花柱宿存。花期4—5月，果期5—11月。锦潭管理站长江、联山有分布。

满山红　杜鹃花科 杜鹃属

■ *Rhododendron mariesii* Hemsl. et Wils.

别名山石榴、马礼士杜鹃、守城满山红。落叶灌木。叶厚纸质，常2～3枚集生于枝顶，椭圆形，长先端锐尖，基部钝。花通常2朵顶生，先花后叶，出自于同1顶生花芽；花萼环状，5浅裂；花冠漏斗形，淡紫红色或紫红色，裂片5枚；雄蕊8～10枚；子房卵球形。蒴果椭圆状卵球形，密被亮棕褐色长绒毛。花期4—5月，果期6—11月。前进、锦潭、横石塘、云岭、沙口管理站均有分布。

毛棉杜鹃花 杜鹃花科 杜鹃属

■ *Rhododendron moulmainense* Hook. f.

别名白杜鹃、丝线吊芙蓉。灌木或小乔木。叶厚革质，集生枝端，近轮生，长圆状披针形，先端渐尖，基部楔形。数伞形花序生于枝顶叶腋，每花序有花3～5朵；花萼小，裂片5枚；花冠淡紫色、粉红色，狭漏斗形，5深裂；雄蕊10枚；子房长圆筒形。蒴果圆柱状，花柱宿存。花期4—5月，果期7—12月。前进、锦潭、横石塘、云岭、沙口管理站均有分布。

马银花 杜鹃花科 杜鹃属

■ *Rhododendron ovatum* (Lindl.) Planch. ex Maxim.

常绿灌木。叶革质，卵形，先端急尖或钝，具短尖头，基部圆形。花单生于枝顶叶腋；花萼5深裂；花冠淡紫色等，辐状，5深裂；雄蕊5枚，不等长；子房卵球形，密被短腺毛；花柱伸出于花冠外。蒴果阔卵球形，密被灰褐色短绒毛和疏腺体。花期4—5月，果期7—10月。前进、锦潭管理站前进、联山有分布。根可入药。

乳源杜鹃 杜鹃花科 杜鹃属

■ *Rhododendron rhuyuenense* Chun ex Tam

半常绿灌木。叶革质，簇生枝端，椭圆状披针形等，先端渐尖，具短尖头，基部近圆形。伞形花序顶生，有花达12朵；花萼小，5浅裂；花冠粉红色等，花冠管5深裂，裂片开展；雄蕊5枚；子房卵球形，柱头5裂。蒴果卵球形，被深褐色长刚毛。花期5—6月，果期7—11月。锦潭管理站联山有分布。

216. 越桔科（乌饭树科）Vacciniaceae

短尾越桔 越桔科 越桔属

Vaccinium carlesii Dunn

别名乌饭子、早禾子树。常绿灌木或乔木。叶革质，卵状披针形，顶端渐尖，基部圆形，边缘有疏浅锯齿。总状花序腋生和顶生；萼裂片三角形；花冠白色，宽钟状；雄蕊内藏；子房无毛。浆果球形，熟时紫黑色，常被白粉。花期5—6月，果期8—10月。前进、锦潭管理站前进、长江有分布。

长尾乌饭 越桔科 越桔属

■ *Vaccinium longicaudatum* Chun ex Fang et Z. H. Pan

常绿灌木。叶片革质，椭圆状披针形，基部楔形，顶端渐尖，边缘具稀疏细锯齿。总状花序腋生，无毛；花萼裂片5枚；花冠筒状，白色，内外均无毛，裂片5枚，三角状卵形；雄蕊10枚，近无毛。浆果球形，近成熟时红色。花期6月，果期11月。前进、锦潭管理站前进、联山有分布。

刺毛越桔 越桔科 越桔属

■ *Vaccinium trichocladum* Merr. et Metc.

常绿灌木或乔木。叶薄革质，卵状披针形，顶端渐尖，基部圆形，边缘有锯齿。总状花序腋生和顶生；萼筒常被毛，萼裂片三角状卵形；花冠白色，筒状坛形；雄蕊稍短于花冠，花丝密被毛。浆果球形，熟时红色，被糙毛。花期4月，果期5—9月。前进管理站前进有分布。

221. 柿树科 Ebenaceae

*柿 柿树科 柿属

■ *Diospyros kaki* Thunb.

别名朱果、猴枣。落叶大乔木。叶纸质，卵状椭圆形，先端渐尖，基部楔形。花雌雄异株，花序腋生，聚伞花序；雄花序小，有花3~5朵，常3朵；雄花小；花冠钟状，黄白色，4裂，雄蕊16~24枚；雌花单生于叶腋；花冠淡黄白色，4裂；退化雄蕊8枚；子房近扁球形；花柱4深裂，柱头2浅裂。果球形等，基部常有棱。花期5—6月，果期9—10月。前进管理站有栽培。

222. 山榄科 Sapotaceae

金叶树 山榄科 金叶树属

■ *Chrysophyllum roxburghii* G. Don

别名大横纹。乔木。叶坚纸质，长圆形，先端常渐尖，基部钝至楔形，常稍偏斜，边缘波状。花数朵簇生于叶腋；花萼裂片5枚，边缘具流苏；花冠阔钟形，冠管裂片5枚，边缘具流苏；能育雄蕊5枚；子房近圆球形，具5肋。果近球形，熟时横向呈星状，具5圆形粗肋，干时褐色。花期5月，果期10—12月。锦潭管理站联山有分布。根、叶可入药，活血祛瘀、消肿止痛；果可食。

铁榄 山榄科 铁榄属

■ *Sinosideroxylon pedunculatum* (Hemsl.) H. Chuang

别名山胶木、假水石梓。乔木。叶互生，革质，卵形，先端渐尖，基部楔形。花浅黄色，1～3朵簇生于腋生的花序梗上，组成总状花序；花冠5裂；能育雄蕊5枚；退化雄蕊5枚；子房近圆形，无毛，4室或5室。浆果卵球形，具开花后延长的花柱。花期3月，果期8—10月。锦潭、云岭管理站八宝、水头有分布。可材用。

223. 紫金牛科 Myrsinaceae

细罗伞 紫金牛科 紫金牛属

■ *Ardisia affinis* Hemsl.

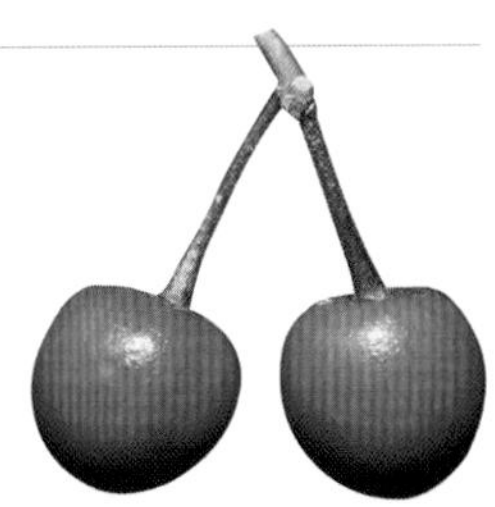

别名波叶紫金牛。小灌木。叶坚纸质，椭圆状卵形，顶端钝，基部楔形，边缘具齿。伞形花序，生于侧生特殊花枝顶端；花瓣呈淡粉红色；雄蕊较花瓣略短；雌蕊与花瓣近等长，子房卵珠形，具疏腺点。果球形，红色，略肉质，无腺点。花期5—7月，果期10—12月或翌年1月。锦潭管理站八宝有分布。根可药用，散瘀活血、治跌打损伤等。

少年红 紫金牛科 紫金牛属

■ *Ardisia alyxiaefolia* Tsiang ex C. Chen

别名念珠藤叶紫金牛。小灌木。叶厚坚纸质，卵形等，顶端渐尖，基部钝形至圆形，边缘具浅圆齿。亚伞形花序或伞房花序，侧生；花瓣白色；雄蕊较花瓣略短；雌蕊与花瓣等长，子房球形。果球形，红色，略肉质，具腺点。花期6—7月，果期10—12月。前进、锦潭、横石塘、云岭、沙口管理站均有分布。全株可入药，平喘止咳、治跌打损伤。

九管血 紫金牛科 紫金牛属

■ *Ardisia brevicaulis* Diels

别名血猴爪、乌肉鸡。矮小灌木。具匍匐生根的根茎；直立茎幼嫩时被微绒毛，除侧生特殊花枝外，无分枝。叶坚纸质，狭卵形，顶端急尖且钝，基部楔形，近全缘，具不明显的边缘腺点。伞形花序，生于侧生特殊花枝顶端；花瓣粉红色，具腺点；雄蕊较花瓣短；雌蕊与花瓣等长。果球形，鲜红色，具腺点，宿存萼与果梗通常为紫红色。花期6—7月，果期10—12月。锦潭管理站联山有分布。全株可入药，祛风解毒；根有当归之效，称为血党。

凹脉紫金牛 紫金牛科 紫金牛属

■ *Ardisia brunnescens* Walker

灌木。叶坚纸质，椭圆状卵形，顶端急尖，基部楔形，全缘。复伞形花序或圆锥状聚伞花序，生于侧生特殊花枝顶端；花瓣粉红色；雄蕊较花瓣略短；雌蕊与花瓣等长，子房卵珠形，无毛。果球形，深红色，多少具腺点。花期7—8月，果期9月至翌年2月。锦潭管理站八宝有分布。根可入药，可增强体质。

百两金 紫金牛科 紫金牛属

■ *Ardisia crispa* (Thunb.) A. DC

别名八爪龙、山豆根、地杨梅、开喉箭、叶下藏珠、状元红、铁雨伞、真珠凉伞、野猴枣、珍珠伞、竹叶胎、八爪金龙、高脚凉伞。灌木。叶膜质，椭圆状披针形，顶端长渐尖，基部楔形，全缘或略波状。亚伞形花序，生于侧生特殊花枝顶端，花枝常无叶；花瓣白色或粉红色，具腺点；雄蕊较花瓣略短；雌蕊与花瓣等长或略长。果球形，鲜红色，具腺点。花期5—6月，果期10—12月。锦潭管理站联山有分布。根、叶可入药，清热利咽、舒筋活血；果可食；种子可榨油。

细柄百两金 紫金牛科 紫金牛属

■ *Ardisia crispa* var. *dielsii* (Levl.) Walker

别名山豆根。本变种与百两金的主要区别是：植株较矮，高1米以下，叶狭披针形，侧脉极弯曲上升。花期6—7月，果期9—12月。横石塘管理站石门台有分布。全株可入药，止血消炎。

圆果罗伞 紫金牛科 紫金牛属

■ *Ardisia depressa* C. B. Clarke

别名拟罗伞树。多枝灌木或大灌木。叶坚纸质，椭圆状披针形，顶端渐尖，基部楔形，全缘或具微波状齿。聚伞花序或复伞形花序；花瓣白色或粉红色；雄蕊与花瓣几等长；雌蕊与花瓣等长或超过，子房卵珠形。果球形，暗红色，具纵肋和不明显腺点。花期3—5月，果期8—11月。锦潭、沙口管理站鲤鱼、江溪有分布。

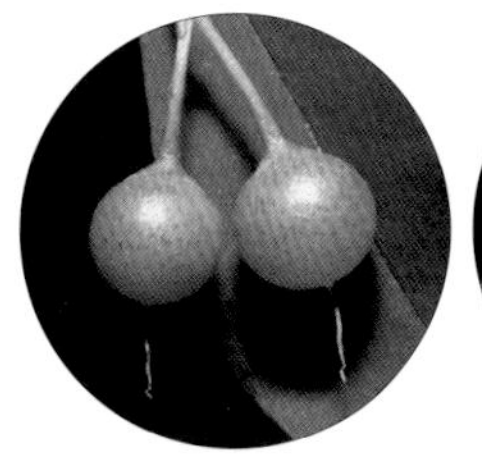

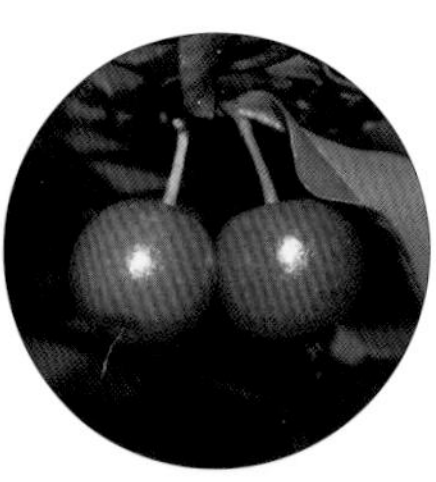

灰色紫金牛 紫金牛科 紫金牛属

■ *Ardisia fordii* Hemsl.

小灌木。叶坚纸质，椭圆状披针形，顶端渐尖或钝，基部楔形，全缘。伞形花序，少花，生于侧生特殊花枝顶端，花枝全部具叶或中部以上具叶；花瓣呈红色或粉红色；雄蕊长为花瓣的3/4；雌蕊较花瓣略短，子房球形。果球形，深红色，具疏鳞片和腺点。花期6—8月，果期10—12月，有时至翌年2月。锦潭管理站鲤鱼有分布。

光萼紫金牛 紫金牛科 紫金牛属

■ *Ardisia omissa* C. M. Hu

常绿亚灌木。叶长圆状椭圆形，纸质，边缘具毛。叶基楔形到钝，边缘疏生圆齿状腺体，先端钝到近圆形。花序腋生，近伞状，花2~4朵；花萼分裂到基部，红色。花冠呈玫瑰红色；裂片狭卵形，疏生腺点；子房无毛。核果球状，红转黑。花期7月，果期11月至翌年4月。前进、锦潭、横石塘、云岭、沙口管理站均有分布。

长叶酸藤子 紫金牛科 酸藤子属

■ *Embelia longifolia* (Benth.) Hemsl.

别名没归息。攀援灌木或藤本。叶坚纸质，倒披针形，顶端广急尖，基部楔形，全缘。总状花序，腋生或侧生于翌年生无叶小枝上；花4朵；花瓣浅绿色等；雄蕊在雄花中伸出花冠；雌蕊在雌花中超出花冠或与花冠等长，子房瓶形。果球形或扁球形，红色，有纵肋及多少具腺点。花期6—8月，果期11月至翌年1月。锦潭、横石塘管理站联山、石门台有分布。果可食，味酸，可驱蛔虫；全株可入药，利尿消肿、散瘀痛。

光叶铁仔 紫金牛科 铁仔属

■ *Myrsine stolonifera* (Koidz.) Walker

别名蔓竹杞、匍匐铁仔。灌木。叶坚纸质，顶端渐尖，基部楔形，全缘或有时中部以上具2~3对齿。伞形花序或花簇生，有花3~4朵；花5基数；花冠基部连合成极短的管；雄蕊小，长为花冠裂片的1/2；雌蕊在雌花中长达花瓣的2/3，子房卵形或椭圆形。果球形，红色变蓝黑色。花期3—5月，果期4月至翌年1月。前进、锦潭管理站前进、联山有分布。

224. 安息香科（野茉莉科）Styracaceae

赤杨叶 安息香科 赤杨叶属

■ *Alniphyllum fortunei* (Hemsl.) Makino

别名拟赤杨、冬瓜木、豆渣树、水冬瓜、白苍木。乔木。叶椭圆形，顶端急尖，基部宽楔形，边缘具疏离硬质锯齿。总状花序或圆锥花序，顶生或腋生，有花10 ~ 20朵；花白色或粉红色；花冠裂片长椭圆形；雄蕊10枚；子房密被黄色长绒毛。果长圆形，外果皮肉质，干时黑色。花期4—7月，果期8—10月。前进、云岭管理站前进、水头有分布。可材用或放养白木耳。

赛山梅 安息香科 安息香属

■ *Styrax confusus* Hemsl.

别名白扣子、油榨果、乌蚊子、白山龙。小乔木。叶革质，椭圆形等，顶端急尖，基部圆形，边缘有细锯齿。总状花序顶生，有花3～8朵；花白色；花萼杯状，顶端有5齿；萼裂片三角形；花冠裂片外面密被白色星状短绒毛；花冠管无。果实近球形或倒卵形，果皮常具皱纹。花期4—6月，果期9—11月。锦潭、横石塘管理站联山、石门台有分布。种子油供制润滑油、肥皂和油墨等。

台湾安息香 安息香科 安息香属

■ *Styrax formosanus* Matsum.

灌木。叶互生，纸质，倒卵形等，顶端尾尖，基部楔形，中部以上边缘有不整齐粗锯齿。总状花序顶生，有花3～5朵；花白色；花冠膜质，5裂，外面密被白色短绒毛；雄蕊10枚；花柱无毛。果实卵形，顶端有喙或具短尖头。花期4—6月，果期6—10月。锦潭管理站联山有分布。

栓叶安息香 安息香科 安息香属

■ *Styrax suberifolius* Hook. et Arn.

别名红皮树、红皮、赤血仔、赤皮。乔木。叶互生，革质，椭圆形等，顶端渐尖，基部楔形，边近全缘。总状花序或圆锥花序，顶生或腋生；花白色；花萼杯状，萼裂片三角形或波状；花冠4或5裂，花冠管短；雄蕊8～10枚。果卵状球形，密被灰色至褐色星状绒毛。花期3—5月，果期9—11月。前进、锦潭管理站乌田、联山有分布。可材用；种子可制肥皂或油漆；根叶可入药，祛风除湿、理气止痛。

225. 山矾科 Symplocaceae

腺柄山矾 山矾科 山矾属

Symplocos adenopus Hance

灌木或小乔木。叶纸质，干后褐色，椭圆状卵形，先端急尖，基部圆形，边缘及叶柄两侧有大小相间半透明的腺锯齿。团伞花序腋生；花萼5裂；花冠白色，5深裂几达基部；雄蕊20～30枚；子房3室。核果圆柱形，顶端宿存萼裂片直立。花期9月，果期10—12月。锦潭、横石塘管理站联山、石门台有分布。

薄叶山矾 山矾科 山矾属

■ *Symplocos anomala* Brand

小乔木或灌木。叶薄革质，狭椭圆形等，先端渐尖，基部楔形，全缘或具锐锯齿。总状花序腋生，有时基部有1～3分枝，被绒毛；花萼被微绒毛，5裂；花冠白色，5深裂几达基部；雄蕊约30枚；子房3室。核果褐色，长圆形，被短绒毛，有明显的纵棱。花期9月，果期10月至翌年4月。边开花边结果。前进、锦潭管理站前进、联山有分布。

潮安山矾 山矾科 山矾属

■ *Symplocos chaoanensis* F. G. Wang et H. G. Ye

常绿灌木。单叶互生，厚革质，椭圆形等；先端急尖，具1黑色腺体，基部窄楔形，上部边缘有浅波状锯齿，下部全缘。总状花序腋生，有5～9朵花；花萼5裂；花冠白色，5深裂；雄蕊9～20枚；子房下位，3室。核果坛形，无毛，顶端宿存萼裂片向内倾斜或脱落。花期4月，果期8—10月。锦潭管理站联山有分布。

南岭山矾 山矾科 山矾属

■ *Symplocos confusa* Brand

常绿小乔木。叶近革质，椭圆形等，先端急尖，全缘或具疏圆齿。总状花序；花萼钟形，顶端有5浅圆齿；花冠白色，5深裂至中部，雄蕊40~50枚；子房2室。核果卵形，顶端圆，外面被绒毛，顶端宿存萼裂片直立或内倾。花期6—8月，果期9—11月。前进、锦潭管理站前进、联山有分布。

厚皮灰木 山矾科 山矾属

■ *Symplocos crassifolia* Benth.

常绿小乔木或乔木。叶革质，卵状椭圆形等，先端渐尖，基部楔形，全缘或有疏锯齿。总状花序被绒毛，中下部有分枝，有花4~7朵；花萼5裂；花冠白色，5深裂几达基部；雄蕊60~80枚，花丝基部联生成5体雄蕊。核果长圆状卵形或倒卵形，顶端有直立稍向内弯的宿存萼裂片。花期6—11月，果期12月至翌年5月。锦潭管理站联山有分布。

黄牛奶树 山矾科 山矾属

■ *Symplocos laurina* (Retz.) Wall.

别名花香木、苦山矾、散风木。乔木。叶革质，倒卵状椭圆形等，先端急尖或渐尖，基部楔形，边缘有细小的锯齿。穗状花序基部常分枝；花萼无毛，裂片半圆形，短于萼筒；花冠白色，5深裂几达基部；雄蕊约30枚；子房3室。核果球形，顶端宿存萼裂片直立。花期8—12月，果期翌年3—6月。前进、锦潭管理站前进、联山有分布。可材用；种子油作滑润油或制肥皂；树皮药用，治疗感冒。

光亮山矾 山矾科 山矾属

■ *Symplocos lucida* Sieb. et Zucc.

灌木或小乔木。叶厚革质，长椭圆形等，基部楔形。总状花序；花白色，芳香怡人。核果黄色，近坛状。花期3月，果期5—10月。横石塘管理站石门台有分布。

铁山矾 山矾科 山矾属

■ *Symplocos pseudobarberina* Gontsch.

乔木。叶纸质，卵形或卵状椭圆形，先端渐尖，基部楔形，边缘有稀疏的浅波状齿或全缘。总状花序基部常分枝，花梗粗而长；花萼裂片卵形，短于萼筒；花冠白色，5深裂几达基部；雄蕊30～40枚；子房3室。核果绿色或黄色，长圆状卵形，顶端宿存萼裂片向内倾斜或直立。花期10月，果期12月至翌年7月。锦潭管理站长江有分布。

多花山矾 山矾科 山矾属

■ *Symplocos ramosissima* Wall. ex G. Don

灌木或小乔木。叶膜质，椭圆状披针形等，先端具尾状渐尖，基部楔形或圆形，边缘有腺锯齿。总状花序基部分枝，被短绒毛；花萼被短绒毛，稍短于萼筒；花冠白色，5深裂几达基部；雄蕊30～40枚，长短不一，稍伸出花冠；花盘无毛，有5枚腺点；子房3室。核果长圆形，有微绒毛，嫩时绿色，熟时黄褐色。花期7—8月，果期10月至翌年2月。锦潭、横石塘管理站联山、石门台有分布。

老鼠矢 山矾科 山矾属

■ *Symplocos stellaris* Brand

常绿乔木。叶厚革质，披针状椭圆形等，先端急尖，基部阔楔形或圆形，常全缘，少有细齿。团伞花序生于二年生枝的叶痕之上；花萼裂片半圆形，有长缘毛；花冠白色，5深裂几达基部，顶端有缘毛，雄蕊18～25枚，花丝基部合生成5束；子房3室；核果狭卵状圆柱形，顶端宿存萼裂片直立。花期4—5月，果期6月。前进管理站前进有分布。

微毛山矾 山矾科 山矾属

■ *Symplocos wikstroemiifolia* Hayata

别名月桂叶灰木。灌木或乔木。叶纸质，椭圆形等，先端短渐尖，基部狭楔形，下延至叶柄，全缘或有不明显波状浅锯齿。总状花序有分枝，上部的花无柄；花萼裂片阔卵形或近圆形；花冠5深裂几达基部；雄蕊15～20枚，花柱短于花冠。核果卵圆形，顶端宿存萼裂片直立，熟时黑色或黑紫色。花期4月，果期8—12月。前进、锦潭、横石塘、云岭、沙口管理站均有分布。种子油可制肥皂；可材用。

228. 马钱科 Loganiaceae

大叶度量草 马钱科 度量草属

■ *Mitreola pedicellata* (Gmel.) Benth.

别名毛叶度量草。多年生草本。叶膜质，椭圆形等，顶端渐尖至钝，基部楔形；托叶退化或叶柄间成窄的叶鞘。三歧聚伞花序腋生或顶生，着花多朵；花萼5深裂；花冠白色，坛状，花冠裂片5枚；雄蕊5枚；子房近圆球形，光滑，花柱基部分离。蒴果近圆球状，顶端有两尖角，基部有宿存萼。花期3—5月，果期6—7月。前进管理站乌田有分布。

229. 木犀科 Oleaceae

苦枥木 木犀科 梣属

Fraxinus insularis Hemsl.

落叶大乔木。羽状复叶；小叶5～7枚（偶3），嫩时纸质，后变硬，长圆形等，顶生小叶与侧生小叶近等大，先端急尖，基部楔形，叶缘具浅锯齿。圆锥花序生于当年生枝端，顶生及侧生于叶腋；花芳香；花萼钟状；花冠白色；雄蕊伸出花冠外，花柱与柱头近等长，柱头2裂。翅果红色至褐色，长匙形，翅下延至坚果上部，坚果近扁平；花萼宿存。花期4—5月，果期6月。前进、横石塘管理站前进、石门台有分布。

华南素馨 木犀科 素馨属

■ *Jasminum cathayense* Chun ex Chia

别名华南茉莉。缠绕藤本。叶对生，单叶，革质，长卵形等，先端渐尖，基部楔形，叶缘反卷，基出脉3条。伞房花序或伞房状聚伞花序顶生或腋生，有花3 ~ 12朵；花萼无毛，萼管裂片5枚；花冠白色，近漏斗状，花冠管裂片5枚。果近球形，呈黑色。花期5—6月，果期8—12月。锦潭、横石塘管理站联山、石门台有分布。

华女贞 木犀科 女贞属

■ *Ligustrum lianum* Hsu

别名李氏女贞。灌木或小乔木。叶革质，常绿，椭圆形等，先端渐尖，基部宽楔形，沿叶柄下延。圆锥花序顶生；花冠管裂片长圆形；花柱纤细，柱头伸长，微2裂。果椭圆形或近球形，呈黑色等。花期4—6月，果期7月至翌年4月。前进、锦潭管理站前进、八宝、联山有分布。

木犀 木犀科 木犀属

Osmanthus fragrans (Thunb.) Lour.

别名桂花。常绿乔木或灌木。叶革质，椭圆形等，先端渐尖，基部渐狭呈楔形或宽楔形，全缘或上半部具细锯齿。聚伞花序簇生于叶腋，每腋内有花多朵；花极芳香；花萼裂片稍不整齐；花冠黄白色等。果歪斜，椭圆形，紫黑色。花期9月至10月上旬，果期翌年3月。前进管理站乌田有分布。花为名贵香料，可作食品香料。

厚叶木犀 木犀科 木犀属

Osmanthus marginatus var. *pachyphyllus* (H. T. Chang) R. L. Lu

别名厚边木犀、月桂。常绿灌木或乔木。叶厚革质，宽椭圆形等，先端渐尖，基部宽楔形或楔形，全缘。聚伞花序组成短小圆锥花序，腋生，稀顶生，排列紧密，有花10～20朵；花萼管与裂片几相等；花冠淡黄白色等，花冠管裂片长圆形；雄蕊生于花冠管上部，花丝较短；花柱纤细，柱头2裂。果椭圆形或倒卵形，熟时黑色。花期5—6月，果期11—12月。锦潭管理站联山有分布。

牛矢果 木犀科 木犀属

■ *Osmanthus matsumuranus* Hayata

常绿灌木或乔木。叶薄革质，倒披针形等，先端渐尖，具尖头，基部狭楔形，下延至叶柄，全缘或上半部有锯齿。聚伞花序组成短小圆锥花序，生于叶腋；花芳香；花萼裂片边缘具纤毛；花冠淡绿白色；雄蕊生于花冠管上部。果椭圆形，熟时呈紫红色。花期5—6月，果期11—12月。云岭管理站水头有分布。

230. 夹竹桃科 Apocynaceae

卫矛叶链珠藤 夹竹桃科 链珠藤属

■ *Alyxia euonymifolia* Tsiang

攀援灌木。叶近革质，枝上部3叶轮生，枝下部为对生，椭圆形，顶端急尖，基部楔形。花小，组成聚伞花序，顶生或腋生；花萼5深裂，萼片卵圆形，边缘被缘毛；花冠红黄色，高脚碟状，花冠裂片卵圆形；雄蕊生于冠筒中部以上；子房被绒毛；花柱丝状；柱头顶端2裂。核果黑紫色，球状椭圆形。花期1—2月，果期3—6月。锦潭管理站八宝有分布。

花皮胶藤 夹竹桃科 花皮胶藤属

■ *Ecdysanthera utilis* Hay. et Kaw.

别名花杜仲藤、眼角蓝。高攀木质大藤本。叶椭圆形，顶端短渐尖，基部阔楔形。聚伞花序顶生兼腋生，三歧；花细小，淡黄色；花萼5深裂；花冠近坛状；雄蕊5枚，生于花冠筒基部；花盘5裂；子房由2枚离生心皮组成。蓇葖2个叉开近1直线，圆筒状。花期春夏两季，果期秋冬两季。前进、锦潭管理站前进、鲤鱼有分布。乳汁含胶量35%，可制车胎等；茎皮可入药，治小儿白泡疮。

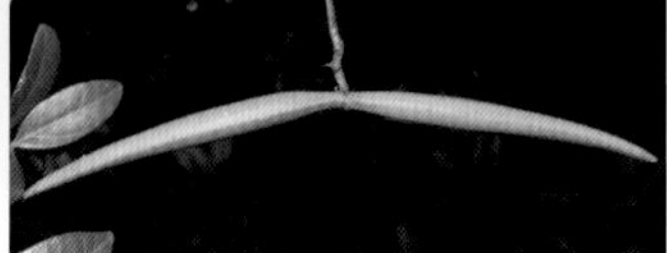

短柱络石 夹竹桃科 络石属

■ *Trachelospermum brevistylum* Hand.-Mazz.

柔弱木质藤本。全部无毛。叶薄纸质，狭椭圆形等，顶端近尾状渐尖，基部钝至宽锐尖，无毛。花序顶生及腋生；花萼裂片卵状披针形锐尖；花白色；雄蕊生于花筒基部，花药全部隐藏；子房长椭圆状。蓇葖叉生，线状披针形。花期4—7月，果期8—12月。锦潭、横石塘管理站联山、石门台有分布。

蓝树 夹竹桃科 倒吊笔属

Wrightia laevis Hook. f.

别名羊角汁、大蓝靛、木靛、板蓝根、大青叶、木蓝、七星树、山蓝树、蓝木。乔木。除花外，均无毛，具乳汁。叶膜质，长圆状披针形等，顶端渐尖，基部楔形。花白色或淡黄色，多朵组成顶生聚伞花序；花萼短而厚，裂片比花冠筒短；花冠漏斗状，花冠筒裂片椭圆状长圆形；副花冠分裂为25 ~ 35鳞片，呈流苏状；雄蕊生于花冠筒顶端；子房由2枚离生心皮组成。蓇葖2个离生，圆柱状。花期6月，果期10—12月。锦潭管理站八宝、黄洞有分布。叶浸水可提蓝色染料；根、叶可入药，治跌打损伤、刀伤止血。

231. 萝藦科 Asclepiadaceae

刺瓜 萝藦科 鹅绒藤属

■ *Cynanchum corymbosum* Wight

别名小刺瓜、野苦瓜。多年生草质藤本。叶薄纸质，卵形等，顶端短尖，基部心形。伞房状或总状聚伞花序腋外生，着花约20朵；花萼被绒毛，5深裂；花冠绿白色，近辐状；副花冠大形，杯状或高钟状，顶端具10齿；花粉块每室1个，下垂。蓇葖大形，纺锤状，具弯刺。花期5—10月，果期8月至翌年1月。锦潭管理站黄洞有分布。全株可催乳解毒，治神经衰弱、慢性肾炎等。

青羊参 萝藦科 鹅绒藤属

■ *Cynanchum otophyllum* Schneid.

别名千年生、奶浆藤、白芍、青阳参。多年生草质藤本。叶对生，膜质，卵状披针形，顶端长渐尖，基部深耳状心形，叶耳圆形。伞形聚伞花序腋生，有花20余朵；花萼外面被微毛，基部内面有腺体5个；花冠白色；副花冠杯状，比合蕊冠略长，裂片中间有1小齿，或有褶皱或缺；柱头顶端略为2裂。蓇葖双生或仅1枚发育，短披针形。花期6—10月，果期8—11月。锦潭管理站八宝有分布。植株有毒，制成粉剂可防治农业害虫。

眼树莲 萝藦科 眼树莲属

■ *Dischidia chinensis* Champ. ex Benth.

别名石仙桃、小耳环、上树瓜子、树上瓜子、上树鳖、翼鱼草、瓜子藤、瓜子金。藤本。叶肉质，卵圆状椭圆形，顶端圆形，无短尖头，基部楔形。聚伞花序腋生，近无柄，有瘤状凸起；花极小；花冠黄白色，坛状；副花冠裂片锚状，具柄，顶端2裂；花粉块长圆状，直立，花粉块柄顶端增厚。蓇葖披针状圆柱形。花期4—5月，果期5—6月。锦潭、横石塘管理站联山、石门台有分布。全株可入药，清肺热、化疟、凉血解毒。

荷秋藤 萝藦科 球兰属

■ *Hoya lancilimba* Merr.

别名剑叶球兰、大叶石仙桃。附生攀援灌木。叶长圆形，两端急尖。伞形聚伞花序腋生；花白色，花冠裂片宽卵形；副花冠裂片肉质；花粉块每室1个，直立。蓇葖狭披针形。花期8月，果期11—12月。锦潭、横石塘管理站联山、石门台有分布。茎、叶可入药，续筋驳骨、消肿止咳、治跌打刀伤。

球花牛奶菜 萝藦科 牛奶菜属

■ *Marsdenia globifera* Tsiang

攀援灌木。叶薄膜质，干后蓝色，卵状长圆形，顶端短渐尖，基部圆形，稀楔形，边缘有缘毛；叶柄顶端具丛生腺体。伞形聚伞花序腋生；花冠坛状，里面有刷毛及在花冠筒里面有5排丛毛；副花冠裂片生合蕊冠上；合蕊柱完全充实于花冠筒内；花粉块每室1个。蓇葖带黑色，具疏绒毛，狭披针形。花期9—10月，果期11—12月。前进、锦潭管理站更古、八宝有分布。茎皮、花、叶可提取蓝色染料。

七层楼 萝藦科 娃儿藤属

■ *Tylophora floribunda* Miq.

别名土细辛、双飞蝴蝶、一见香。多年生缠绕藤本，具乳汁。叶卵状披针形，顶端渐尖或急尖，基部心形，密被小乳头状凸起。聚伞花序广展，腋生或腋外生；花序梗曲折，花淡紫红色；花萼内面基有5个腺体；花冠辐状；副花冠裂片贴生于合蕊冠基部；花粉块每室1个。蓇葖双生，叉开180°～200°，线状披针形。花期5—9月，果期8—12月。前进管理站乌田有分布。根可入药，治小儿惊风、白喉、跌打损伤和蛇咬伤等。

光叶娃儿藤 萝藦科 娃儿藤属

■ *Tylophora ovata* var. *brownii* (Hay.) Tsiang et P. T. Li

攀援灌木。叶卵形，顶端急尖，基部浅心形。聚伞花序伞房状，丛生于叶腋，着花多朵；花小，淡黄色或黄绿色；花冠辐状，两面被微毛；副花冠裂片卵形，贴生于合蕊冠上；花药顶端有圆形薄膜片；花粉块每室1个，圆球状；子房由2枚离生心皮组成。蓇葖双生，圆柱状披针形。花期3—9月，果期10月。锦潭管理站黄洞有分布。

232. 茜草科 Rubiaceae

茜树 茜草科 茜树属

■ *Aidia cochinchinensis* Lour.

无刺灌木或乔木。叶革质，对生，椭圆状长圆形等，顶端渐尖，基部楔形。聚伞花序与叶对生或生于无叶的节上，多花；萼管杯形，檐部扩大，顶端4裂；花冠黄色或白色，花冠裂片4枚。浆果球形，紫黑色，顶部有或无环状的萼檐残迹。花期3—6月，果期5月至翌年2月。前进、锦潭、横石塘、云岭、沙口管理站均有分布。

鱼骨木 茜草科 鱼骨木属

■ *Canthium dicoccum* (Gaertn.) Teysmann et Binnedijk

别名布散。无刺灌木至中等乔木。叶革质，卵形等，顶端长渐尖，基部楔形。聚伞花序具短总花梗，比叶短；萼管倒圆锥形，萼檐顶部截平或为不明显5浅裂；花冠绿白色或淡黄色；花丝短；花柱伸出。核果倒卵形，略扁，多少近孪生。花期5月，果期8月至翌年2月。横石塘管理站石门台有分布。可材用。

虎刺 茜草科 虎刺属

■ *Damnacanthus indicus* Gaertn.

别名刺虎、伏牛花、绣花针、黄脚鸡。具刺灌木。叶常大叶对、小叶对相间隔排列，卵形等，顶端锐尖，边全缘，基部常歪斜，钝、圆、截平或心形。花两性，1～2朵生于叶腋，2朵者花柄基部常合生；花萼钟状，裂片4枚；花冠白色，管状漏斗形，檐部4裂；雄蕊4枚，生于冠管上部；子房4室。核果红色，近球形。花期3—5月，果熟期冬季至翌年春季。横石塘管理站石门台有分布。庭园观赏；根可入药，祛风利湿、活血止痛。

毛狗骨柴 茜草科 狗骨柴属

Diplospora fruticosa Hemsl.

别名小狗骨柴。灌木或乔木。叶纸质，长圆形等，顶端短渐尖，基部短尖，有时两侧稍偏斜，全缘。伞房状聚伞花序腋生，多花；花萼被短绒毛，萼管陀螺形，萼檐浅4裂；花冠白色，冠喉部被绒毛；雄蕊伸出；柱头2裂。果近球形，有短绒毛或无毛，熟时红色。花期3—5月，果期6月至翌年2月。锦潭管理站联山有分布。

拉拉藤 茜草科 拉拉藤属

Galium aparine var. *echinospermum* (Wallr.) Cuf.

别名猪殃殃、爬拉殃、八仙草。多枝蔓生或攀缘状草本。叶纸质，6~8片轮生，稀为4~5片，带状倒披针形等。聚伞花序腋生或顶生，少至多花，花小，4朵；花萼被钩毛，萼檐近截平；花冠黄绿色或白色；子房被毛。果干燥，有1或2个近球状的分果爿。花期3—7月，果期4—11月。前进、锦潭、横石塘、云岭、沙口管理站均有分布。全草可入药，清热解毒、消肿止痛、利尿、散瘀。

清远耳草 茜草科 耳草属

■ *Hedyotis assimilis* Tutch.

直立分枝草本。枝方柱形。叶对生，纸质，披针形，顶端长渐尖，基部楔形，两面粗糙。聚伞花序圆锥式排列，腋生和顶生，常比叶短，有花数朵；花4朵，白色；萼管无毛，萼檐裂片卵形，短尖；花冠深裂，比冠管长；花柱常伸出。蒴果椭圆形，熟时开裂为2个果爿。花期4—5月，果期5—10月。锦潭、横石塘、云岭、沙口管理站均有分布。

剑叶耳草 茜草科 耳草属

■ *Hedyotis caudatifolia* Merr. et Metcalf

直立灌木。叶对生，革质，常披针形，顶部尾状渐尖，基部楔形或下延。聚伞花序排成疏散的圆锥花序；花4朵；萼管陀螺形；花冠白色或粉红色，里面被长绒毛；花柱与花冠等长或稍长。蒴果长圆形或椭圆形，熟时开裂为2个果爿。花期5—6月，果期6—12月。前进、锦潭、横石塘、云岭、沙口管理站均有分布。

金毛耳草 茜草科 耳草属

■ *Hedyotis chrysotricha* (Palib.) Merr.

别名石打穿。多年生披散草本。叶对生，薄纸质，阔披针形等，顶端短尖或凸尖，基部楔形。聚伞花序腋生，有花1～3朵；花萼被绒毛，萼管近球形，萼檐裂片披针形，比管长；花冠白或紫色；雄蕊内藏。果近球形，被扩展硬毛，熟时不开裂。花果期几乎全年。前进、锦潭、横石塘、云岭、沙口管理站均有分布。

龙船花 茜草科 龙船花属

■ *Ixora chinensis* Lam.

别名山丹。灌木。叶对生，披针形等，顶端钝或圆形，基部短尖或圆形。花序顶生，多花，具短总花梗；花有花梗或无；萼檐4裂；花冠红色或红黄色，顶部4裂；花柱短伸出冠管外，柱头2枚。果近球形，双生，中间有1沟，熟时红黑色。花期5—7月，果期10—12月。沙口管理站江溪有分布。

华南粗叶木　茜草科 粗叶木属

■ *Lasianthus austrosinensis* Lo

灌木。叶具等叶性，纸质，卵形，顶端短，尾状骤尖，钝尖，基部近圆或阔楔尖，边全缘；叶柄密被硬毛。花无梗或有短梗，常1～3朵腋生；花萼密被硬毛，萼管近陀螺形，花萼裂片卵形，有脉纹；花冠白色，近管状，裂片5枚；雄蕊5枚，生于冠管喉部；柱头5裂。核果近球形，顶冠以卵形宿存萼裂片，被硬毛。花果期10—12月。前进、锦潭、横石塘、云岭、沙口管理站均有分布。

粗叶木　茜草科 粗叶木属

■ *Lasianthus chinensis* (Champ.) Benth.

灌木。叶薄革质，长圆形等，顶端骤尖或近短尖，基部阔楔形或钝。花无梗，常3～5朵簇生于叶腋；萼管卵圆形或近阔钟形，密被绒毛，萼檐通常4裂；花冠常白色，有时带紫色，近管状，被绒毛，喉部密被长绒毛，裂片6枚；雄蕊常6枚，生于冠管喉部；子房常6室，柱头线形。核果近卵球形，熟时蓝色或蓝黑色。花期5月，果期9—10月。横石塘管理站石门台有分布。

焕镛粗叶木　茜草科 粗叶木属

■ *Lasianthus chunii* Lo

灌木。叶厚纸质，披针形等，顶端渐尖，基部楔尖或钝，全缘；叶柄密被短硬毛。花近无梗或有短梗，常2～4朵簇生于叶腋；萼管陀螺状，密被短硬毛；花冠白色或微染红色，裂片6枚，披针形；雄蕊6枚，生于冠管喉部；子房6～7室。核果扁球形，被短硬毛，熟时黑色。花果期10—12月。前进管理站前进有分布。

罗浮粗叶木　茜草科 粗叶木属

■ *Lasianthus fordii* Hance

灌木。叶具等叶性，纸质，长圆状披针形等，顶端渐尖，基部楔形，边全缘或浅波状；叶柄被硬毛。花近无梗，数朵簇生于叶腋；萼管倒圆锥状，萼裂片4～5枚（偶6枚）；花冠白色，裂片4～5枚（偶6枚），里面被白色绒毛；雄蕊4～5枚（偶6枚）。核果近球形，成熟时蓝色或蓝黑色，无毛。花期春季，果期秋季。前进管理站前进有分布。

台湾粗叶木 茜草科 粗叶木属

Lasianthus formosensis Matsum.

直立灌木。叶具等叶性，纸质或薄革质，卵形等，顶端骤然渐尖，基部楔尖，边全缘；叶柄密被硬毛。花无梗，数朵簇生；萼管近钟形，密被硬毛，萼裂片5枚；花冠白色，管状漏斗形，裂片5枚；雄蕊5枚，生于冠管喉部。核果近球形或卵球形，熟时蓝色或紫蓝色。花果期8—12月。前进管理站前进有分布。

日本粗叶木 茜草科 粗叶木属

Lasianthus japonicus Miq.

灌木。叶近革质或纸质，长圆形等，顶端骤尖，基部短尖。花无梗，常2～3朵簇生在1腋生、很短的总梗上；萼钟状，被绒毛，萼裂片三角形；花冠白色，管状漏斗形，裂片5枚，近卵形。核果球形，内含5个分核。花果期8—12月。锦潭管理站联山有分布。

榄绿粗叶木 茜草科 粗叶木属

■ *Lasianthus japonicus* var. *lancilimbus* (Merr.) Lo

与原变种日本粗叶木的区别是：叶下面中脉上无毛，叶片披针形。花期5—8月，果期9—10月。我国特有，前进、锦潭、横石塘管理站前进、联山、石门台有分布。

栗色巴戟天 茜草科 巴戟天属

■ *Morinda badia* Y. Z. Ruan

藤本。叶纸质，长圆形等，顶端渐尖，基部楔形或渐狭，全缘，上面干时棕黑色或栗色，被短粗毛或脱落变无毛。花序3～5个伞状排列于枝顶；头状花序具花3～10朵；花4～5基数；花萼半球形；花冠黄白色，管部宽，檐部4～5裂；子房略高于花萼，无花柱，2～4室，每室具胚珠1颗。果序梗长短不一；聚花核果橙色，近球形；核果具分核2～4爿。花期6月，果期10月。锦潭管理站联山有分布。

大果巴戟 茜草科 巴戟天属

■ *Morinda cochinchinensis* DC.

别名酒饼藤、黄心藤、大果巴戟天。木质藤本。叶对生，纸质，椭圆形等。顶生头状花序3～18排列成伞形；头状花序具花5～15朵；花萼裂片4～5枚，宿存；花冠白色，冠管短，檐部4～5裂；雄蕊4～5枚，生于花冠裂片侧基部；花柱内藏，顶部2浅裂，子房4室。聚花核果由2～8个核果组成，近球形等，熟时由橙黄色变橘红色。花期5—7月，果期7—11月。前进、锦潭、横石塘、云岭、沙口管理站均有分布。

华腺萼木 茜草科 腺萼木属

■ *Mycetia sinensis* (Hemsl.) Craib

灌木或亚灌木。叶近膜质，长圆状披针形等，同一节上的叶多少不等大，顶端渐尖，基部楔尖或稍下延。聚伞花序顶生，单生或2～3个簇生，有花多朵；萼管半球状，裂片草质；花冠白色，檐部5裂；长柱花雄蕊生于冠管近基部，短柱花雄蕊生于冠管近中部，均不伸出或稍伸出。果近球形，熟时白色。花期7—8月，果期9—11月。锦潭管理站联山有分布。

白花玉叶金花 茜草科 玉叶金花属

■ *Mussaenda pubescens* var. *alba* X. F. Deng et D. X. Zhang

攀援灌木。叶对生或轮生，膜质，卵状长圆形等，顶端渐尖，基部楔形。聚伞花序顶生，密花；花萼管陀螺形，被绒毛，萼裂片线形；花叶完全退化或保留少数；花冠白色，花冠管较短而粗；花柱短，内藏。浆果近球形，疏被绒毛，顶部有萼檐脱落后的环状疤痕，干时黑色。花果期3—8月。前进、锦潭、横石塘、云岭、沙口管理站均有分布。

中华蛇根草 茜草科 蛇根草属

■ *Ophiorrhiza chinensis* Lo

草本或有时亚灌木状。叶纸质，披针形，顶端渐尖，基部楔尖，全缘，干时多少变淡红色。花序顶生，常多花，螺状；花2型，花柱异长；长柱花花梗被极短绒毛；花萼管近陀螺形，具5棱，裂片5枚；花冠白色，管状漏斗形，裂片5枚；雄蕊5枚；花柱被疏绒毛，柱头深2裂；短柱花花萼和花冠外形同长柱花；花冠中部无毛环；雄蕊生于喉部下方；花柱柱头裂片薄，长圆形。果梗粗壮，近无毛。花期冬春两季，果期春夏两季。前进管理站乌田有分布。

驳骨九节 茜草科 九节属

■ *Psychotria prainii* Levl.

别名花叶九节、小功劳。直立灌木。叶对生，纸质，椭圆形等，顶端短尖，基部楔形或稍圆，全缘。聚伞花序顶生，密集成头状；花密集；花萼裂片狭披针形；花冠白色；雄蕊生于喉部，花药稍伸出。核果椭圆形或倒卵形，红色，被疏毛，具纵棱，顶冠以宿存萼。花期5—8月，果期7—11月。锦潭管理站八宝有分布。全株可入药，清热解毒、祛风消肿。

黄脉九节 茜草科 九节属

■ *Psychotria straminea* Hutch.

别名草绿九节。灌木。叶对生，纸质或膜质，椭圆状披针形等，顶端渐尖，基部楔形，有时不等侧，全缘，中脉在下面凸起，黄色，侧脉黄色，网脉黄色。聚伞花序顶生，少花；萼管倒圆锥形；花冠白色或淡绿色，冠管喉部被白色长绒毛；雄蕊生于花冠裂片间，伸出。浆果状核果近球形或椭圆形，熟时黑色，无明显纵棱。花期1—7月，果期6月至翌年1月。锦潭管理站黄洞有分布。

白皮乌口树 茜草科 乌口树属

■ *Tarenna depauperata* Hutchins.

别名白骨木。灌木或小乔木。叶纸质或革质，椭圆状倒卵形等，顶端短渐尖，尖端常稍钝，基部楔形。伞房状聚伞花序顶生，少花或多花；萼管裂片有细缘毛；花冠白色，裂片5枚，比冠管稍长。浆果球形，熟时黑色，有种子1～2颗。花期4—11月，果期4月至翌年1月。云岭管理站水头有分布。种子含油量29.86%，油可药用或制肥皂和润滑油。

茜草 茜草科 茜草属

■ *Rubia cordifolia* L.

草质攀援藤木。叶常4片轮生，纸质，披针形等，顶端渐尖，基部心形，边缘有齿状皮刺，脉上有微小皮刺；基出脉3条；叶柄有倒生皮刺。聚伞花序腋生和顶生，多回分枝，有花10余朵至数十朵；花冠淡黄色。果球形，熟时橘黄色。花期8—9月，果期10—11月。前进、锦潭、横石塘、云岭、沙口管理站均有分布。

233. 忍冬科 Caprifoliaceae

金银花 忍冬科 忍冬属

■ *Lonicera japonica* Thunb.

别名金银藤、银藤、二色花藤、鸳鸯藤。半常绿藤本。叶纸质，卵形等，顶端尖或渐尖，基部圆或近心形。总花梗通常单生于小枝上部叶腋，与叶柄等长或稍短，密被短绒毛，并夹杂腺毛；萼筒无毛；花冠白色，有时基部向阳面呈微红，后变黄色，唇形，筒稍长于唇瓣；雄蕊和花柱均高出花冠。果圆形，熟时蓝黑色，有光泽。花期4—6月（秋季亦开花），果熟期10—11月。前进、锦潭、横石塘、云岭、沙口管理站均有分布。全草可入药。

皱叶忍冬 忍冬科 忍冬属

■ *Lonicera rhytidophylla* Hand.-Mazz.

常绿藤本。叶革质，宽椭圆形等，顶端近圆形，基部圆至宽楔形，边缘背卷。双花成腋生小伞房花序，或在枝端组成圆锥状花序；萼筒卵圆形；花冠白色，后变黄色，外面密生紧贴的倒生短糙伏毛；雄蕊稍超出花冠；花柱伸出。果实蓝黑色，椭圆形。花期6—7月，果期10—11月。前进、锦潭管理站前进、长江有分布。花可入药。

蝶花荚蒾 忍冬科 荚蒾属

■ *Viburnum hanceanum* Maxim.

灌木。叶纸质，圆卵形等，顶端圆形而微凸头，基部圆形，边缘基部除外具整齐而稍带波状的锯齿。聚伞花序伞形式，自总梗向上逐渐变无毛，花稀疏，外围有2～5朵白色、大型的不孕花，总花梗第1级辐射枝通常5条，花生于第2至第3级辐射枝上；不孕花白色，不整齐4～5裂；可孕花花冠黄白色，辐状；雄蕊与花冠几等长；柱头略高出萼裂片。果红色，稍扁，卵圆形。花期4—5月，果熟期8—9月。前进、横石塘管理站前进、石门台有分布。

合轴荚蒾 忍冬科 荚蒾属

■ *Viburnum sympodiale* Graebn.

落叶灌木或小乔木。叶纸质，卵形等，顶端渐尖或急尖，基部圆形，边缘有不规则牙齿状尖锯齿。聚伞花序，花开后几乎无毛，周围有大型、白色的不孕花，无总花梗，第1级辐射枝常5条，花生于第3级辐射枝上；萼筒近圆球形，萼裂片卵圆形；花冠白色或带微红，辐状，长2倍于筒。果红色，后变紫黑色，卵圆形。花期4—5月，果期8—9月。锦潭管理站联山有分布。

238. 菊科 Asteraceae

蓝兔儿风　菊科 兔儿风属

■ *Ainsliaea caesia* Hand.-Mazz.

多年生草本。叶聚生于茎中部或中部之下，叶纸质，淡蓝色或蓝紫色，披针形，顶端短尖，基部楔状渐狭，边缘具胼胝体状细齿。花葶疏被短绒毛；头状花序具花3朵，1个或4～5个成束于花序轴复作穗状花序式排列；总苞倒锥形，多层；花全部两性，花冠略露出于冠毛之外，不开裂，闭花受精；花药内藏。瘦果纺锤形，干时变黑色。冠毛污黄色，羽毛状，基部联合成束。花果期10—12月。前进、锦潭、横石塘、云岭、沙口管理站均有分布。

杏香兔儿风 菊科 兔儿风属

■ *Ainsliaea fragrans* Champ.

别名一支香、兔耳风、兔耳一支香、朝天一支香、四叶一支香。多年生草本。叶厚纸质，卵形等，顶端钝，基部深心形，边全缘或具疏离的胼胝体状小齿；叶柄密被长绒毛。头状花序常有小花3朵，于花葶之顶排成间断的总状花序；总苞片约5层；花全部两性，白色；花柱分枝伸出药筒之外，顶端钝头。瘦果棒状圆柱形或近纺锤形，栗褐色，被8条显著的纵棱。冠毛多数，淡褐色。花果期11—12月。前进管理站乌田有分布。全草可入药。

长穗兔儿风 菊科 兔儿风属

■ *Ainsliaea henryi* Diels

多年生草本。茎直立，不分枝，常呈暗紫色，开花期被毛，后渐脱毛。叶基生，密集，莲座状，叶稍厚，长卵形等，顶端钝短尖，基部楔状长渐狭成翅柄，边缘具波状圆齿；茎生叶极少而小，苞片状，卵形，被绒毛。头状花序常2～3个聚集成小聚伞花序；总苞片约5层；花全部两性，闭花受精的花冠圆筒形，隐藏于冠毛之中。瘦果圆柱形，无毛，有粗纵棱。冠毛污白色至污黄色，羽毛状。花果期7—9月。锦潭管理站联山有分布。

青蒿 菊科 蒿属

■ *Artemisia carvifolia* Buch.-Ham. ex Roxb.

别名草蒿、茵陈蒿等。一年生草本。有香气。基生叶与茎下部叶三回栉齿状羽状分裂，叶柄长，花期叶凋谢；中部叶长圆形等，二回栉齿状羽状分裂。头状花序半球形，在分枝上排成穗状花序式的总状花序，并在茎上组成中等开展的圆锥花序；总苞片3～4层；花淡黄色；雌花10～20朵；两性花30～40朵，花冠管状，花柱与花冠等长或略长于花冠。瘦果长圆形至椭圆形。花果期6—9月。前进、锦潭、横石塘、云岭、沙口管理站均有分布。

三脉紫菀 菊科 紫菀属

■ *Aster ageratoides* Turcz.

多年生草本。下部叶在花期枯落，叶片宽卵圆形；中部叶椭圆形或长圆状披针形，中部以上急狭成楔形具宽翅的柄，顶端渐尖，边缘有3～7对浅或深锯齿；上部叶渐小，有浅齿或全缘，全部叶纸质。头状花序排列成伞房状或圆锥伞房状；总苞片3层；舌状花约10余个，舌片紫色等，管状花黄色。冠毛浅红褐色或污白色。瘦果倒卵状长圆形。花果期7—12月。前进、锦潭、横石塘、云岭、沙口管理站均有分布。全草煎洗，治无名肿毒。

六耳铃 菊科 艾纳香属

■ *Blumea laciniata* (Roxb.) DC.

别名吊钟黄、波缘艾纳香。粗壮草本。基生叶花期生存，下部叶具狭翅的柄，叶片倒卵状长圆形，基部渐狭。头状花序多数，排列成顶生、疏或密的长圆形的大圆锥花序；总苞片5～6层，带紫红色。花黄色；雌花多数，花冠细管状；两性花花冠管状，约与雌花等长。瘦果圆柱形，具10条棱，被疏毛。冠毛白色，糙毛状。花果期10月至翌年5月。锦潭管理站八宝有分布。

长圆叶艾纳香 菊科 艾纳香属

■ *Blumea oblongifolia* Kitam.

多年生草本。基部叶花期宿存或凋萎，常小于中部叶；上部叶渐小，无柄，长圆状披针形或长圆形，边缘具尖齿或角状疏齿，稀全缘。头状花序多数，排列成顶生开展的疏圆锥花序；总苞约4层；花黄色；雌花多数，花冠细管状；两性花较少数，花冠管状。瘦果圆柱形，被疏白色粗毛，具多条棱。冠毛白色，糙毛状。花果期8月至翌年4月。锦潭管理站联山有分布。

牛膝菊 菊科 牛膝菊属

■ *Galinsoga parviflora* Cav.

别名辣子草、向阳花、珍珠草、铜锤草。一年生草本。叶对生，卵形等，基部圆形，顶端渐尖或钝，基出3脉或不明显5出脉。头状花序半球形，多数在茎枝顶端排成疏松的伞房花序；总苞片1～2层，约5个。舌状花4～5枚；管状花花冠黄色。瘦果3条棱或中央的瘦果4～5条棱，黑色或黑褐色。舌状花冠毛毛状；管状花冠毛膜片状。花果期7—10月。前进、锦潭、横石塘、云岭、沙口管理站均有分布。全草可入药，止血、消炎。

红凤菜 菊科 菊三七属

■ *Gynura bicolor* (Roxb. ex Willd.) DC.

多年生草本。叶倒卵形等，顶端尖或渐尖，基部楔状渐狭成具翅的叶柄，边缘有不规则齿。头状花序在茎、枝端排列成疏伞房状，总苞片1层，约13个；小花橙黄色至红色；裂片卵状三角形。瘦果圆柱形，淡褐色，具10～15肋，无毛。冠毛丰富，白色。花果期5—10月。前进、锦潭、横石塘、云岭、沙口管理站均有分布。

黄瓜菜 菊科 黄瓜菜属

■ *Paraixeris denticulata* (Houtt.) Nakai

别名黄瓜假还阳参。一年生或二年生草本。基生叶及下部茎叶花期枯萎脱落；中下部茎叶卵形，琴状卵形等，有宽翼柄。头状花序多数，在茎枝顶端排成伞房花序或伞房圆锥状花序，含15枚舌状小花；总苞片2层；舌状小花黄色。瘦果长椭圆形，压扁，黑色或黑褐色，有10～11条高起的钝肋。冠毛白色，糙毛状。花果期5—11月。锦潭管理站八宝有分布。

假福王草 菊科 假福王草属

■ *Paraprenanthes sororia* (Miq.) Shih

一年生草本。基生叶花期枯萎；下部及中部茎叶大头羽状半裂或深裂或几全裂，极少羽状深裂或几全裂，有狭或宽翼柄；上部茎叶小，不裂，戟形等。头状花序多数，沿茎枝顶端排成圆锥状花序；总苞片4层；舌状小花粉红色，约10枚。瘦果黑色，稍粗厚，见压扁，纺锤状，顶端窄，淡黄白色。冠毛2层，白色。花果期5—8月。沙口管理站石坑有分布。

翼茎阔苞菊 菊科 阔苞菊属

Pluchea sagittalis (Lam.) Cabera

一年生草本。茎直立，全株具浓厚芳香气味，被浓密绒毛，自叶基部向下延伸到茎部的翼。叶为广披针形，上下两面具绒毛，互生，无柄，具尖锐锯齿缘。头状花序顶生或腋生，呈伞房花序状，花托扁平，光滑，外缘小花多数，花冠白，瘦果褐色，圆柱形；中央小花多数，花冠白色，顶点凸出呈紫色。瘦果退化。花果期7—10月。外来植物，锦潭管理站长江逸为野生。

风毛菊 菊科 风毛菊属

Saussurea japonica (Thunb.) DC.

二年生草本。基生叶与下部茎叶有叶柄，有狭翼，叶椭圆形等，羽状深裂，侧裂片7～8对，长椭圆形等，中部的侧裂片较大。头状花序多数，在茎枝顶端排成伞房状或伞房圆锥花序；总苞片6层；小花紫色。瘦果深褐色，圆柱形。冠毛白色，2层，外层短，糙毛状。花果期6—11月。前进管理站乌田有分布。

闽粤千里光 菊科 千里光属

■ *Senecio stauntonii* DC.

多年生根状茎草本。基生叶在花期迅速枯萎；茎叶多数，无柄，卵状披针形等，顶端渐尖或狭，基部具圆耳，半抱茎，具细齿，革质。头状花序有舌状花，排列成顶生疏伞房花序；总苞片13层；舌状花8～13枚；舌片黄色；管状花多数，花冠黄色，檐部漏斗状。瘦果圆柱形，被绒毛。冠毛白色。花果期10—11月。沙口管理站江溪有分布。

裸柱菊 菊科 裸柱菊属

■ *Soliva anthemifolia* (Juss.) R. Br.

别名座地菊。一年生矮小草本。叶互生，有柄，二至三回羽状分裂，裂片线形，全缘或3裂。头状花序近球形；总苞片2层；边缘的雌花多数，无花冠；中央的两性花少数，花冠管状，黄色。瘦果倒披针形，扁平，有厚翅，顶端圆形，有长绒毛，花柱宿存，下部翅上有横皱纹。花果期全年。前进、锦潭、横石塘、云岭、沙口管理站均有分布。

咸虾花 菊科 斑鸠菊属

■ *Vernonia patula* (Dryand.) Merr.

一年生粗壮草本。基部和下部叶在花期常凋落，中部叶具柄，卵形，卵状椭圆形，稀近圆形，顶端钝或稍尖，基部宽楔状狭成叶柄，边缘具圆齿状具小尖的浅齿。头状花序常2～3个生于枝顶端；具75～100个花；总苞片4～5层；花淡红紫色，花冠管状。瘦果近圆柱状，具4～5条棱，无毛，具腺点。冠毛白色，1层，糙毛状。花果期7月至翌年5月。前进、锦潭、横石塘、云岭、沙口管理站均有分布。全草可入药，发表散寒、清热止泻。

山蟛蜞菊 菊科 蟛蜞菊属

■ *Wedelia wallichii* Less.

直立草本。叶卵形等，基部浑圆或楔形，顶端渐尖，边缘有齿。头状花序较小，常单生于叶腋和茎顶；总苞片2层；舌状花1枚，黄色，舌片顶端2～3齿裂；管状花向上端渐扩大，檐部5裂。瘦果倒卵状三棱形，略扁，红褐色而具白色疣状凸起。冠毛2～3个，短刺芒状，生冠毛环上。花期4—10月。前进、锦潭、横石塘、云岭、沙口管理站均有分布。有毒，猪、牛、羊和兔等家畜误食致死。

异叶黄鹌菜 菊科 黄鹌菜属

■ *Youngia heterophylla* (Hemsl.) Babcock et Stebbins

一年生或二年生草本。基生叶或椭圆形，顶端圆或钝，边缘有凹尖齿，或全形椭圆形或倒披针状长椭圆形，大头羽状深裂或几全裂。头状花序多数在茎枝顶端排成伞房花序，含11～25枚舌状小花；总苞片4层；舌状小花黄色。瘦果黑褐紫色，纺锤形。冠毛白色，糙毛状。花果期4—10月。锦潭管理站联山有分布。

239. 龙胆科 Gentianaceae

藻百年 龙胆科 藻百年属

■ *Exacum tetragonum* Roxb.

一年生草本。叶对生，无柄，卵形至卵状披针形，先端急尖，基部圆形，半抱茎，并向茎下延成翅。聚伞花序顶生及腋生，组成圆锥状复聚伞花序；花4朵；花冠深裂，冠筒短；雄蕊生于花冠裂片间弯缺处，与裂片互生，子房宽椭圆形，柱头小，2裂。蒴果近球形。花果期7—9月。前进管理站前进有分布。

灰绿龙胆　龙胆科 龙胆属

■ *Gentiana yokusai* Burk.

一年生草本。叶略肉质，卵形，先端钝，基部钝，叶柄边缘具睫毛，背面光滑；基生叶在花期不枯萎；茎生叶开展。花多数，单生于小枝顶端，小枝常2～5个密集呈头状；花萼倒锥状筒形；花冠蓝色等；雄蕊生于冠筒中下部；子房椭圆形，柱头2裂。蒴果外露或内藏，卵圆形或倒卵状矩圆形，两侧边缘具狭翅。花果期3—9月。前进、锦潭管理站前进、联山有分布。

匙叶草　龙胆科 匙叶草

■ *Latouchea fokiensis* Franch.

多年生草本。叶大部分基生，数对，甚大，具短柄，倒卵状匙形，先端圆形，基部渐狭成柄，边缘有微波状齿，羽状叶脉在下面明显，叶柄扁平，具宽翅；茎生叶2～3对，无柄，匙形，明显小于基生叶。轮生聚伞花序，每轮有花5～8朵，每个花下有2枚小苞片，小苞片线状披针形；花4基数；花冠淡绿色，钟形；雄蕊生于花冠裂片间弯缺处。蒴果无柄，卵状圆锥形。花果期3—11月。锦潭管理站联山有分布。

240. 报春花科 Primulaceae

点地梅 报春花科 点地梅属

■ *Androsace umbellata* (Lour.) Merr.

别名喉咙草、佛顶珠、白花草、清明花、天星花。一年生或二年生草本。叶全部基生，近圆形或卵圆形，先端钝圆，基部浅心形至近圆形，边缘具齿。伞形花序具4 ~ 15朵花；花萼杯状；花冠白色，短于花萼，喉部黄色。蒴果近球形，果皮白色，近膜质。花期2—4月，果期5—6月。前进管理站乌田有分布。全草可入药，治扁桃腺炎、咽喉炎等。

五岭管茎过路黄 报春花科 珍珠菜属

■ *Lysimachia fistulosa* var. *wulingensis* Chen et C. M. Hu

草本。叶对生，茎端的2～3对密聚成轮生状，常较下部叶大2～3倍，叶片披针形，先端多少渐尖，基部渐狭，下延。缩短的总状花序生于茎端和枝端，呈头状花序状；花萼分裂近达基部；花冠黄色；蒴果球形。花期5—7月，果期7—10月。前进管理站乌田有分布。

大叶过路黄 报春花科 珍珠菜属

■ *Lysimachia fordiana* Oliv.

别名大叶排草。叶对生或近轮生状，叶片椭圆形等，先端锐尖，基部阔楔形。花序为顶生缩短成近头状总状花序；苞片卵状披针形至披针形，密布黑色腺点；花冠黄色；花丝下部生成筒。蒴果近球形，常有黑色腺点。花期5月，果期7月。前进管理站乌田有分布。

金爪儿 报春花科 珍珠菜属

■ *Lysimachia grammica* Hance

草本。叶在茎下部对生，在上部互生，卵形等，先端锐尖或稍钝，基部截形，骤然收缩下延；叶柄具狭翅。花单生于茎上部叶腋；花萼分裂近达基部；花冠黄色，基部合生；花丝下部合生成环；子房被毛。蒴果近球形，淡褐色。花期4—5月，果期5—9月。锦潭管理站联山有分布。

广东过路黄 报春花科 珍珠菜属

■ *Lysimachia kwangtungensis* (Hand.-Mazz.) C. M. Hu

别名广东临时救。直立或匍匐草本。叶互生、对生或轮生，全缘。花单出腋生或排成顶生或腋生的总状花序或伞形花序；总状花序常缩短成近头状或有时复出而成圆锥花序；花萼5深裂，极少6～9裂，宿存；花冠白色或黄色，辐状或钟状，5深裂；雄蕊与花冠裂片同数而对生；花药基着或中着，顶孔开裂或纵裂；子房球形，柱头钝。蒴果卵圆形或球形，常5瓣开裂。花期5月，果期6—8月。锦潭、横石塘、云岭、沙口管理站均有分布。

英德过路黄 报春花科 珍珠菜属

■ *Lysimachia yindeensis* Chen et C. M. Hu

草本。叶对生，阔卵形等，先端钝，基部截形；叶柄有草质狭边缘，疏被绒毛。花5～15朵在茎端排成缩短的总状花序；花萼分裂近达基部；花冠黄色，基部合生；花丝基部合生成筒；花药卵圆形；子房无毛。蒴果球形，灰白色。花期5月，果期6—11月。前进、锦潭管理站乌田、八宝有分布。

假婆婆纳 报春花科 假婆婆纳属

■ *Stimpsonia chamaedryoides* Wright ex A. Gray

一年生草本。基生叶椭圆形等，先端圆钝，基部圆形，边缘有钝齿；茎叶互生，卵形至近圆形，向上渐次缩小成苞片状，边缘齿较深且锐尖。花单生于茎上部苞片状的叶腋，呈总状花序状；花萼分裂近达基部；花冠白色，喉部有细绒毛；花药近圆形；花柱棒状，下部稍粗，先端钝。蒴果球形，比宿存萼短。花期4—5月，果期6—7月。前进管理站前进有分布。

243. 桔梗科 Campanulaceae

羊乳 桔梗科 党参属

■ *Codonopsis lanceolata* (Sieb. et Zucc.) Trautv.

别名羊奶参、轮叶党参。藤本。叶在主茎上互生，披针形等，细小；在小枝顶端常2~4叶簇生，叶片菱状卵形等，顶端尖或钝，基部渐狭，全缘或有锯齿。花单生或对生于小枝顶端；花冠阔钟状，浅裂，黄绿色或乳白色，内有紫色斑；子房下位。蒴果下部半球状，上部有喙。花果期7—12月。前进管理站前进有分布。

蓝花参 桔梗科 蓝花参属

■ *Wahlenbergia marginata* (Thunb.) A. DC.

别名牛奶草，娃儿菜，拐棒参，毛鸡腿。多年生草本，有白色乳汁。叶互生，无柄或具短柄，下部的匙形，倒披针形，上部的条状披针形，边缘波状或具疏锯齿，或全缘。花萼无毛；花冠钟状，蓝色，分裂达2/3。蒴果倒圆锥状或倒卵状圆锥形，有10条不甚明显的肋。花果期2—5月。前进、锦潭、横石塘、云岭、沙口管理站均有分布。根可入药，治小儿疳积、痰积和高血压等。

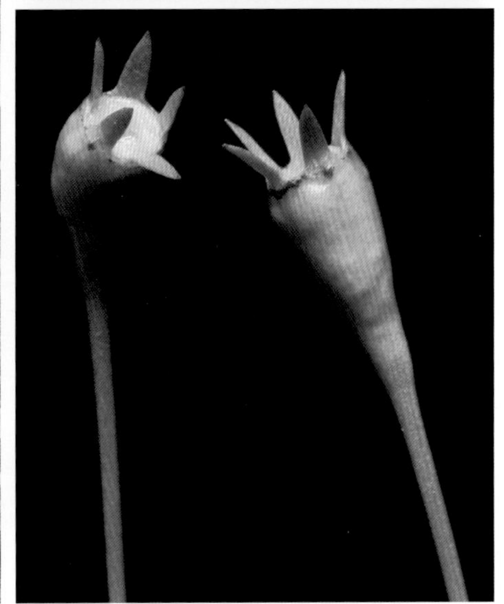

249. 紫草科 Boraginaceae

长花厚壳树 紫草科 厚壳树属

Ehretia longiflora Champ. ex Benth.

乔木。叶椭圆形等，先端急尖，基部楔形，稀圆形，全缘。聚伞花序生于侧枝顶端，呈伞房状；花冠白色，筒状钟形，明显比筒部短。核果淡黄色或红色，核具棱。花期4月，果期6—7月。横石塘管理站石门台有分布。

盾果草 紫草科 盾果草属

Thyrocarpus sampsonii Hance

草本。基生叶丛生，有短柄，匙形，全缘或有疏细锯齿；茎生叶较小，无柄，狭长圆形或倒披针形。花萼裂片狭椭圆形；花冠淡蓝色或白色，显著比萼长，筒部比檐部短2.5倍，裂片近圆形；雄蕊5枚，生于花冠筒中部。小坚果4个，黑褐色。花果期3—4月。云岭管理站水头有分布。

附地菜 紫草科 附地菜属

Trigonotis peduncularis (Trev.) Benth. ex Baker et Moore

别名地胡椒。一或二年生草本。基生叶呈莲座状，叶片匙形，先端圆钝，基部楔形或渐狭，两面被糙伏毛，茎上部叶长圆形或椭圆形。花序生于茎顶；花梗短；花萼裂片卵形；花冠淡蓝色或粉色，喉部附属物5枚，白色或带黄色。小坚果4个，有短毛或平滑无毛，背面具3锐棱。早春开花，花期甚长。花果期3—6月。前进、锦潭、横石塘、云岭、沙口管理站均有分布。全草可入药，温中健胃、消肿止痛、止血；嫩叶可食用；栽培观赏。

250. 茄科 Solanaceae

枸杞 茄科 枸杞属

■ *Lycium chinense* Mill.

别名枸杞菜、红珠仔刺、牛吉力、狗牙子。多分枝灌木。叶纸质，单叶互生或2～4枚簇生，卵形等，顶端急尖，基部楔形。花在长枝上单生或双生于叶腋，在短枝上则同叶簇生；花萼常3中裂或4～5齿裂；花冠漏斗状，淡紫色；雄蕊较花冠稍短；花柱稍伸出雄蕊。浆果红色，卵状。花果期6—11月。前进、锦潭、横石塘、云岭、沙口管理站均有分布。全株可入药，可作蔬菜或绿化栽培。

喀西茄 茄科 茄属

■ *Solanum khasianum* C. B. Clarke

别名苦颠茄、颠茄、牛茄子、苦茄子、刺茄子。直立草本至亚灌木。叶阔卵形宽约与长相等，先端渐尖，基部戟形，5～7深裂。蝎尾状花序腋外生，短而少花，单生或2～4朵；花冠筒淡黄色，隐于萼内；冠檐白色，5裂；子房球形，柱头截形。浆果球状，初时绿白色有花纹，熟时淡黄色，宿存萼上具纤毛及细直刺。花期春夏两季，果熟期冬季。横石塘管理站石门台有分布。果实烧成烟可熏牙止痛。

乳茄 茄科 茄属

■ *Solanum mammosum* L.

直立草本。茎被短绒毛及扁刺，小枝被具节的长绒毛、腺毛及扁刺。叶卵形，宽几与长相等，常5裂。蝎尾状花序腋外生，常生于腋芽外面基部，3～4朵花；花萼5深裂；花冠紫槿色，5深裂；雄蕊5枚，几相等；子房无毛，卵状渐尖，柱头绿色，浅2裂。浆果倒梨状，外面土黄色，具5个乳头状凸起。花果期夏秋间。原产于美洲；在锦潭、云岭管理站联山、水头逸为野生。果实美丽，栽培供观赏。

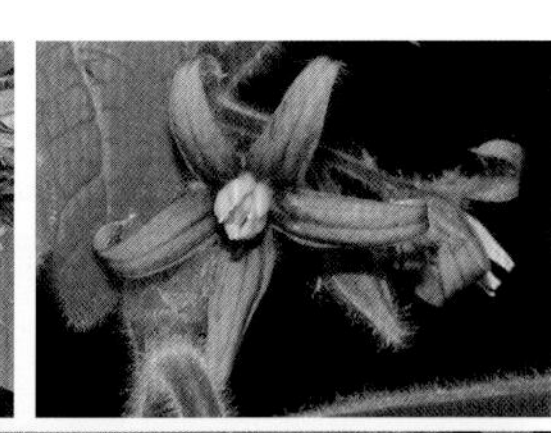
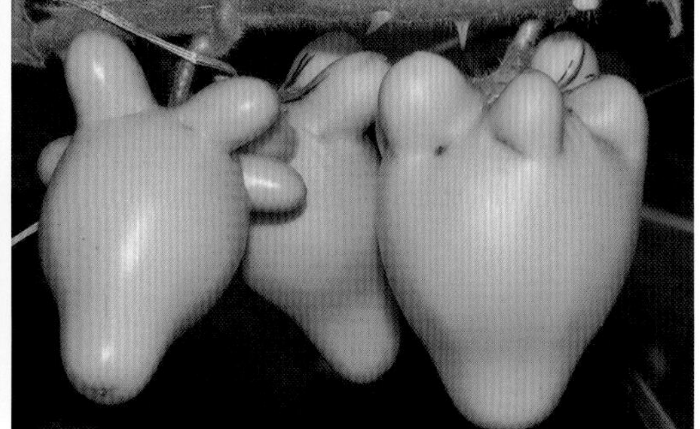

龙珠 茄科 龙珠属

■ *Tubocapsicum anomalum* (Franch. et Sav.) Makino

草本。叶薄纸质，卵形、椭圆形或卵状披针形，顶端渐尖，基部歪斜楔形，侧脉5～8对。花2～6朵簇生，俯垂，花梗细弱，顶端增大；花萼果时稍增大而宿存；花冠裂片卵状三角形，顶端尖锐，向外反曲，有短缘毛；雄蕊稍伸出花冠；花柱近等长于雄蕊。浆果成熟后呈红色。花果期8—10月。锦潭管理站联山有分布。

251. 旋花科 Convolvulaceae

心萼薯 旋花科 心萼薯属

■ *Aniseia biflora* (L.) Choisy

别名毛牵牛、满山香、黑面藤、华陀花、簕番薯、老虎豆。攀援或缠绕草本。叶心形或心状三角形，顶端渐尖，基部心形，全缘或很少为不明显的3裂。花序腋生，短于叶柄，常生2朵花；萼片5枚，在结果时稍增大；花冠白色；雄蕊5枚；子房圆锥状，无毛，花柱棒状，柱头头状，2浅裂。蒴果近球形，果瓣内面光亮。花果期9—10月。前进、锦潭、横石塘、云岭、沙口管理站均有分布。茎、叶可入药，治小儿疳积；种子可治跌打、蛇伤。

三裂叶薯 旋花科 番薯属

■ *Ipomoea triloba* L.

草本。叶宽卵形等，全缘或有粗齿或深3裂，基部心形。花序腋生，梗短或长于叶柄，1朵花或数朵花形成伞状聚伞花序；萼片近相等或稍不等；花冠漏斗状，淡红色或淡紫红色；雄蕊内藏；子房有毛。蒴果近球形，具花柱基形成的细尖，被细刚毛。生于丘陵路旁、荒草地或田野间。花果期8—10月。原产于热带美洲；现在前进、锦潭、横石塘、云岭、沙口管理站逸为野生。

*茑萝松 旋花科 茑萝属

■ *Quamoclit pennata* (Desr.) Boj.

别名茑萝、锦屏封、金丝线。一年生柔弱缠绕草本。叶卵形，羽状深裂至中脉，具10～18对线形至丝状的平展的细裂片。花序腋生，由少数花组成聚伞花序；总花梗大多超过叶；萼片绿色，稍不等长；花冠高脚碟状，深红色，冠檐开展，5浅裂；雄蕊及花柱伸出；花丝基部具毛；子房无毛。蒴果卵形，4室，4瓣裂。花果期8—10月。原产于热带美洲；现在锦潭、横石塘管理站联山、石门台逸为野生。属观赏植物。

252. 玄参科 Scrophulariaceae

抱茎石龙尾 玄参科 石龙尾属

Limnophila connata (Buch.-Ham. ex D. Don) Hand.-Mazz.

陆生草本。叶无柄，对生，卵状披针形等，全缘或稀具齿，基部半抱茎。花无梗或几乎无梗，在茎或分枝的顶端排列成疏的穗状花序；萼筒状；花冠蓝色至紫色；花柱顶端两侧各有1枚耳状的凸起。蒴果近球形，两侧扁，具2条凸起的棱。花果期9—11月。前进管理站前进有分布。

泥花草 玄参科 母草属

Lindernia antipoda (L.) Alston

一年生草本。叶片矩圆形等，顶端急尖或圆钝，基部下延有宽短叶柄，而近于抱茎，边缘有少数不明显的锯齿。花多在茎枝之顶成总状着生，花序有花2～20朵；花萼仅基部联合，齿5枚；花冠紫色、紫白色或白色，上唇2裂，下唇3裂。蒴果圆柱形，顶端渐尖，长约为宿存萼的2倍或较多。花果期春季至秋季。前进、锦潭、横石塘、云岭、沙口管理站均有分布。全草可入药。

细茎母草 玄参科 母草属

Lindernia pusilla (Willd.) Boldingh

一年生细弱草本。叶下部者有短柄，上部者无柄，叶片卵形至心形，偶有圆形，长宽约相等或较狭，顶端急尖或钝，基部楔形至近心形，边缘有少数不明显波状细齿或几全缘。花对生于叶腋，在茎枝的顶端作近伞形的短缩总状花序，有花3～5朵；花萼仅基部联合，齿5枚；花冠紫色；上唇直立，宽卵形，先端微缺，下唇远长于上唇，向前伸展；雄蕊4枚，全育。蒴果卵球形，与宿存萼近等长。花期5—9月，果期9—11月。前进、锦潭、横石塘、云岭、沙口管理站均有分布。

刺毛母草 玄参科 母草属

■ *Lindernia setulosa* (Maxim.) Tuyama

一年生草本。叶有短柄，宽卵形，偶宽过长，顶端微尖，基部宽楔形，边缘有明显的齿4～6对。花单生于叶腋；花梗纤细；花萼仅基部联合，齿5枚；花冠大，白色或淡紫色，稍长于花萼；上唇短，卵形，下唇较长，伸展；雄蕊4枚，全育。蒴果纺锤状卵圆形，比宿存萼短。花期5—8月，果期7—11月。前进、锦潭、横石塘、云岭、沙口管理站均有分布。

荨麻叶母草 玄参科 母草属

■ *Lindernia urticifolia* (Hance) Bonati

一年生草本。叶三角状卵形，长宽几相等，顶端急尖，基部宽楔形至截形，常下延于叶柄而成狭翅，叶缘每边有4～6枚锐锯齿，两面被伸展的长硬毛。花数多，多呈腋生总状花序，再集成圆锥花序；花萼仅基部联合，齿5枚；花冠小，紫色，仅稍长于萼裂片；上唇有浅缺，下唇较长1倍，3裂；雄蕊4枚，全育，前方1对有头部膨大的棍棒状附属物。蒴果椭圆形，比宿存萼短。花期7—10月，果期9—11月。锦潭、横石塘管理站联山、石门台有分布。

白花泡桐 玄参科 泡桐属

■ *Paulownia fortunei* (Seem.) Hemsl.

别名泡桐、大果泡桐、华桐等。乔木。叶长卵状心形等，顶端长渐尖，新枝上的叶有时2裂。花序枝几无或仅有短侧枝，花序狭长，小聚伞花序有花3～8朵；花冠管状漏斗形，白色仅背面稍带紫色或浅紫色。蒴果长圆形或长圆状椭圆形，宿存萼开展或漏斗状。花期3—4月，果期7—8月。前进、横石塘管理站乌田、建山有分布。

独脚金 玄参科 独脚金属

■ *Striga asiatica* (L.) O. Kuntze

别名干草、矮脚子。一年生半寄生草本，全体被刚毛。叶较狭窄仅基部的为狭披针形，其余的为条形。花单朵腋生或在茎顶端形成穗状花序；花萼有棱10条，5裂几达中部；花冠常黄色，花冠筒顶端急剧弯曲，上唇短2裂。蒴果卵状，包于宿存萼内。花果期秋季。前进、锦潭、横石塘、云岭、沙口管理站均有分布。全草可入药，治小儿疳积。

毛叶蝴蝶草 玄参科 蝴蝶草属

■ *Torenia benthamiana* Hance

草本。叶卵形或卵心形，两侧各具6～8枚带短尖的圆齿，两面密被硬毛，先端钝，基部楔形。花常3朵排成伞形花序；萼筒狭长，具5棱；萼裂片略呈二唇形；花冠紫红色等；上唇矩圆形，先端浅2裂；下唇3枚裂片均近圆形，中裂稍大；前方1对花丝各具1枚丝状附属物。蒴果长椭圆形。花果期8月至翌年5月。前进、锦潭、横石塘、云岭、沙口管理站均有分布。

二花蝴蝶草 玄参科 蝴蝶草属

■ *Torenia biniflora* Chin et Hong

一年生草本。全体疏被极短的硬毛。叶卵形或狭卵形，基部钝圆，先端急尖，边缘具粗齿。花序生中、下部叶腋，因花序顶端的1朵花不发育，而使发育的花通常排成二歧状；发育的花常2朵，罕4朵；花萼筒状，具5枚不等宽的翅；萼裂片5枚；花冠黄色等；前方2枚花丝基部各有1长约3毫米棍棒状的附属物；花柱顶端扩大，具2枚钝圆的裂片。蒴果长椭圆状。花果期7—10月。前进、锦潭、横石塘、云岭、沙口管理站均有分布。

黄花蝴蝶草　玄参科 蝴蝶草属

■ *Torenia flava* Buch.-Ham.

直立草本。叶卵形等，先端钝，基部楔形，渐狭成柄，边缘具带短尖的圆齿。总状花序顶生；花梗果期增粗；花萼狭筒状，具5枚凸起的棱；萼裂片5枚；花冠筒上端红紫色，下端暗黄色；花冠裂片4枚，黄色，后方1枚稍大，全缘或微凹，其余3枚多数圆形；前方1对花丝各具1枚丝状附属物。蒴果狭长椭圆形。花果期6—11月。锦潭管理站长江有分布。

紫斑蝴蝶草　玄参科 蝴蝶草属

■ *Torenia fordii* Hook. f.

直立粗壮草本。叶宽卵形至卵状三角形，边缘具粗锯齿，先端略尖，基部突然收狭成宽楔形。总状花序顶生；花萼倒卵状纺锤形，具5翅，翅宽彼此不等；萼裂片2枚，近相等；花冠黄色；下唇3裂片彼此近相等，两侧裂片先端蓝色，中裂片先端橙黄色；前方1对花丝各具1枚齿状附属物。蒴果圆柱状，两侧扁，具4槽。花果期7—10月。前进、锦潭、横石塘、云岭、沙口管理站均有分布。

紫萼蝴蝶草 玄参科 蝴蝶草属

■ *Torenia violacea* (Azaola) Pennell

草本。叶卵形或长卵形，先端渐尖，基部楔形，边缘具锯齿，两面疏被绒毛。花在分枝顶部排成伞形花序或单生于叶腋；花萼矩圆状纺锤形，具5翅，略带紫红色，基部圆形，翅几不延，顶部裂成5小齿；花冠淡黄色或白色；上唇多少直立，近于圆形；下唇3裂片彼此近于相等，各有1枚蓝紫色斑块，中裂片中央有1枚黄色斑块。花果期8—11月。前进、锦潭、横石塘、云岭、沙口管理站均有分布。

253. 列当科 Orobanchaceae

野菰 列当科 野菰属

■ *Aeginetia indica* L.

别名土灵芝草、马口含珠、鸭脚板、烟斗花。一年生寄生草本。叶肉红色，卵状披针形等。花常单生茎端。花萼一侧裂开至近基部，红色等，具紫红色条纹。花冠带黏液，不明显的二唇形，顶端5浅裂；雄蕊4枚，内藏，成对黏合，仅1室发育，下方1对雄蕊药隔基部延长成距；子房1室，侧膜胎座4个。蒴果圆锥状或长卵球形。花果期8—10月。前进、锦潭、沙口管理站乌田、八宝、石坑有分布。根、花可入药，清热解毒、消肿。

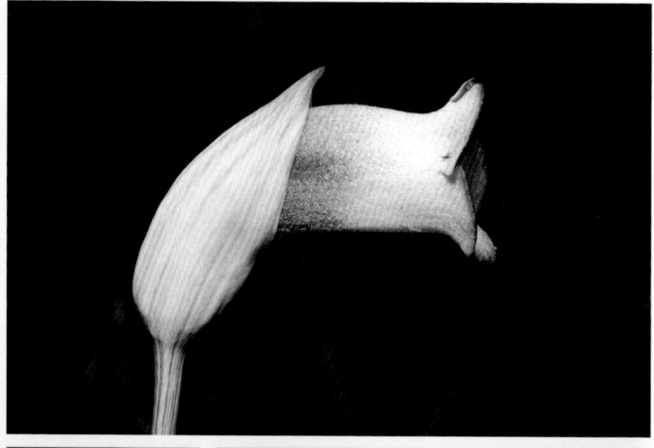

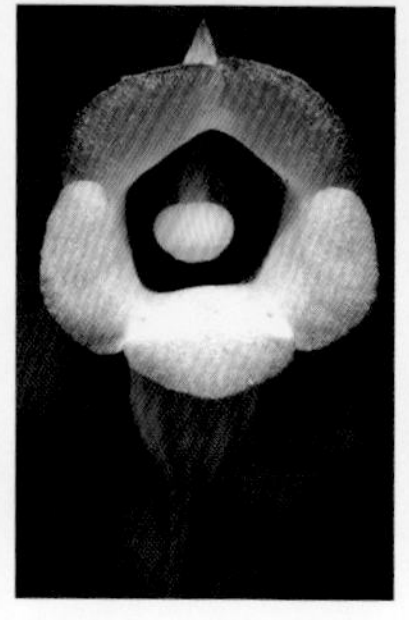

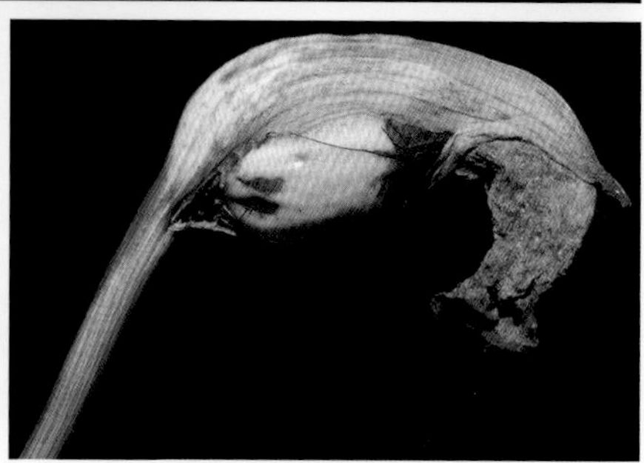

254. 狸藻科 Lentibulariaceae

短梗挖耳草 狸藻科 狸藻属

■ *Utricularia caerulea* L.

别名密花狸藻、长距挖耳草、折苞挖耳草。陆生小草本。叶器于开花前凋萎或于花期宿存，基生呈莲座状和散生于匍匐枝上，狭倒卵状匙形，顶端圆形；捕虫囊少数散生于匍匐枝及侧生于叶器上。花序直立，中部以上具1～15朵疏离或密集的花；花冠紫色等，喉部常有黄斑；上唇狭卵状长圆形，下唇较大，近圆形。果球形或长球形。花果期5—9月。前进、锦潭、横石塘、云岭、沙口管理站均有分布。

禾叶挖耳草 狸藻科 狸藻属

■ *Utricularia graminifolia* Vahl

陆生小草本。匍匐枝多数，丝状，多分枝。叶器生匍匐枝上，线形或线状倒披针形，顶端急尖或钝形，基部渐狭，全缘，具3脉，膜质。捕虫囊散生于匍匐枝和侧生于叶器上，球形。花序直立，无毛，中部以上具1～6朵疏离的花；花序梗圆柱形；花萼2裂达基部，上唇略大于下唇，裂片卵形，顶端急尖至渐尖，全缘；花冠淡蓝色至紫红色；雄蕊无毛；雌蕊无毛；子房宽椭圆形；花柱短而明显；柱头下唇半圆形，上唇消失呈截形。蒴果长球形。花果期5—9月。前进、锦潭管理站前进、联山有分布。

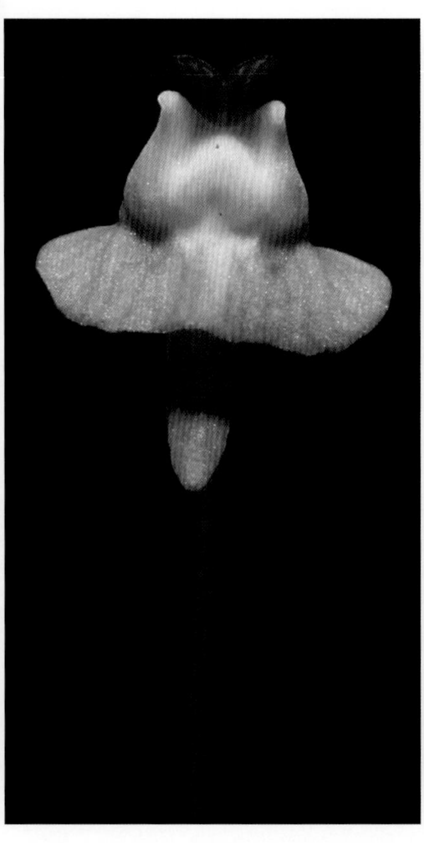

256. 苦苣苔科 Gesneriaceae

光萼唇柱苣苔 苦苣苔科 唇柱苣苔属

■ *Chirita anachoreta* Hance

一年生草本。叶对生；叶薄草质，狭卵形或椭圆形，顶端急尖，基部斜，圆形等，边缘有小牙齿。花序腋生，有2～3朵花；花萼外面无毛，5裂近中部；花冠白色或淡紫色；雄蕊花丝中部变宽并稍膝状弯曲；退化雄蕊3枚或2枚，无毛；柱头2裂。蒴果无毛。花果期7—10月。前进、锦潭、横石塘、云岭、沙口管理站均有分布。

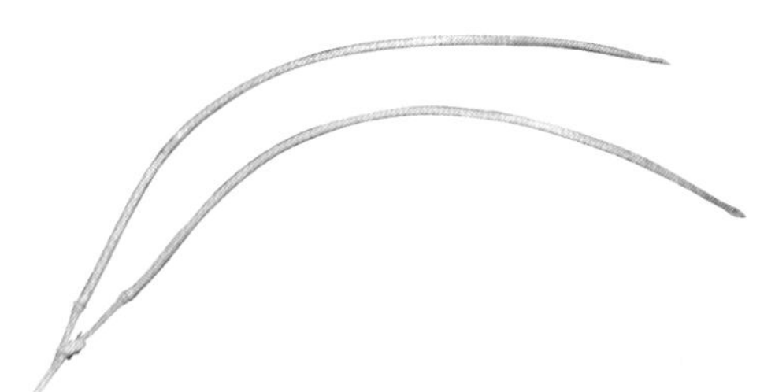

短序唇柱苣苔　苦苣苔科 唇柱苣苔属

■ *Chirita depressa* Hook. f.

低矮多年生草本。叶丛生；叶片宽卵形或椭圆形，顶端钝，基部宽楔形，边缘有浅钝齿。花序腋生，具短梗和2枚苞片，有少数花；花萼5裂达基部，裂片狭线形；花冠紫色；上唇2裂，下唇3裂；雄蕊花丝生于花冠筒中部；退化雄蕊3枚；雌蕊与花冠筒近等长，具中轴胎座，柱头2裂。花果期7—10月。锦潭、云岭管理站八宝、水头有分布。

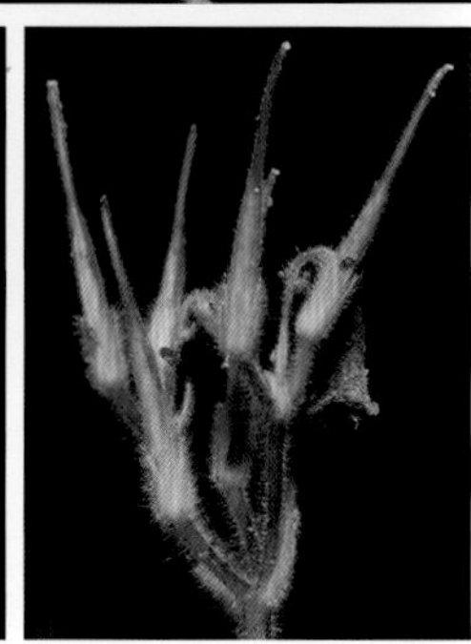

北流圆唇苣苔　苦苣苔科 圆唇苣苔属

■ *Gyrocheilos chorisepalum* var. *synsepalum* W. T. Wang

多年生草本。叶约5枚，具长柄；革质或纸质，近圆形或肾形，顶端圆形，基部心形，边缘有重牙齿，掌状脉5～7条。聚伞花序2～3个，2～3回分枝，每花序有5至数朵花；花萼5裂达基部；花冠淡红色，3裂至中部；退化雄蕊2枚；花盘环状；雌蕊无毛，柱头头状。蒴果线形，无毛。花果期5—8月。锦潭、横石塘、云岭、沙口管理站均有分布。

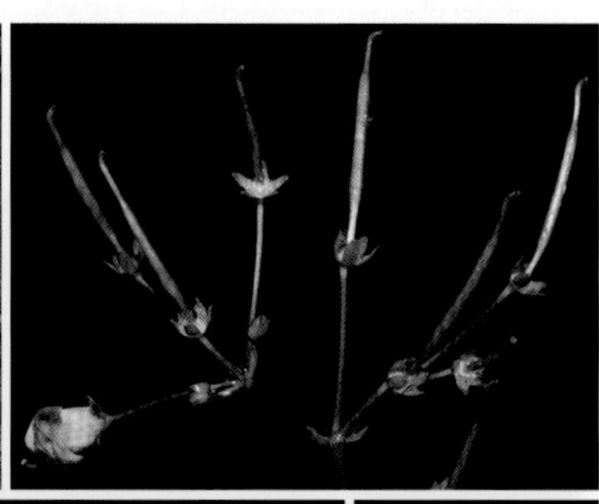

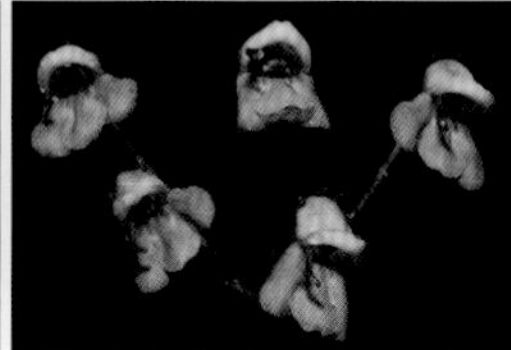
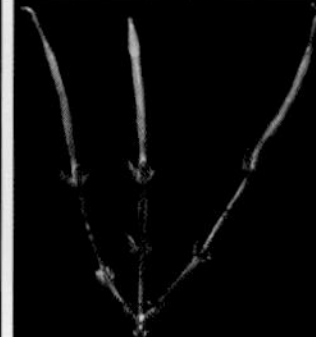

华南半蒴苣苔 苦苣苔科 半蒴苣苔属

Hemiboea follicularis Clarke

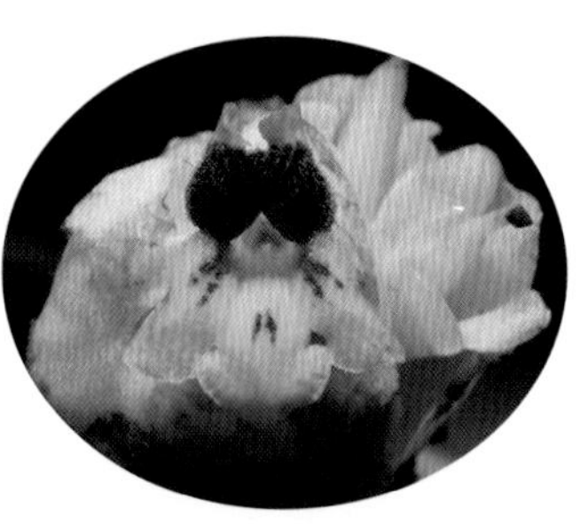

多年生草本。叶对生；稍肉质，卵状披针形等，顶端渐尖，基部楔形，边缘具多数齿。聚伞花序假顶生，具7～20朵花；萼片5枚，白色；花冠隐藏于总苞中，白色；上唇2浅裂，裂片半圆形，下唇3浅裂；雄蕊花丝狭线形；退化雄蕊2枚；雌蕊无毛，花柱短于子房，柱头头状。蒴果长椭圆状披针形，稍弯曲。花期6—8月，果期9—11月。前进、锦潭管理站乌田、八宝有分布。全草可入药，治咳嗽、肺炎、跌打损伤等。

短茎半蒴苣苔 苦苣苔科 半蒴苣苔属

Hemiboea subacaulis Hand.-Mazz.

多年生草本。叶对生；稍肉质，卵形，顶端钝圆，基部圆形，全缘。聚伞花序假顶生，具1～3朵花；花萼上方的萼片分生或基部1/3合生，下方的萼片分生；花冠粉红色，具紫斑；上唇2浅裂，裂片半圆形，下唇3深裂，裂片宽卵圆形；雄蕊花丝狭线形，花药卵状椭圆形，顶端连着；退化雄蕊2枚；花盘环状。蒴果线状披针形，顶端渐尖。花期8月，果期9—11月。锦潭管理站鲤鱼有分布。全草可入药，煎水服治过敏性皮炎。

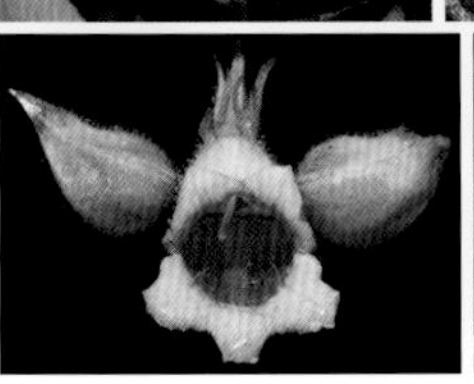

黄报春苣苔 苦苣苔科 报春苣苔属

■ *Primulina alutacea* F. Wen, B. Pan et B. M. Wang

别名淡黄报春苣苔。多年生草本。叶6～8片，基生或对生茎顶部；椭圆形等，基部稍斜或对称；边全缘，先端钝到近锐尖。穗状花序，梗被短绒毛；花萼具5裂片裂成基部，裂片相等；花冠淡黄色，管状；雄蕊2枚；退化雄蕊2枚；雌蕊密被短绒毛和腺被微绒毛；子房线形；柱头2裂。花果期8—11月。锦潭、横石塘、云岭管理站八宝、石门台、水头有分布。

长瓣马铃苣苔 苦苣苔科 苦苣苔属

■ *Oreocharis auricula* (S. Moore) Clarke

多年生草本。叶全部基生，具柄；长圆状椭圆形，顶端微尖或钝，基部圆形，边缘具钝齿至近全缘。聚伞花序2次分枝，2～5个，每花序具4～11朵花；花萼5裂至近基部，裂片相等；花冠细筒状，蓝紫色；檐部二唇形，上唇2裂，下唇3裂，5裂片近相等；雄蕊分生，花药宽长圆形；雌蕊花柱短于子房，柱头1裂，盘状。蒴果。花果期6—8月。前进、锦潭、横石塘、云岭、沙口管理站均有分布。

大叶石上莲 苦苣苔科 马铃苣苔属

■ *Oreocharis benthamii* Clarke

多年生草本。叶丛生，具长柄；椭圆形等，顶端钝或圆形，基部浅心形，偏斜或楔形，边缘具小锯齿或全缘。聚伞花序2～3次分枝，2～4个，每花序具8～11朵花；花萼5裂至基部，裂片相等；花冠淡紫色；喉部不缢缩；檐部稍二唇形，上唇2裂，裂片近圆形，下唇3裂；雄蕊分生；雌蕊无毛，柱头1裂，盘状。蒴果线形或线状长圆形，顶端具短尖。花果期8—10月。前进、锦潭、横石塘、云岭、沙口管理站均有分布。全草可入药，治跌打损伤等。

大齿马铃苣苔 苦苣苔科 苦苣苔属

■ *Oreocharis magnidens* Chun ex K. Y. Pan

多年生草本。叶全部基生，莲座状，具柄；长椭圆形，顶端钝，基部楔形，边缘具整齐的牙齿。聚伞花序2次分枝，1～2个，每花序具8～12朵花；花萼5裂至基部，具3脉；花冠细筒状，白色或淡紫色；檐部二唇形，上唇2裂至近基部，下唇3裂至基部；雄蕊分生，内藏；雌蕊无毛，子房长圆形，柱头1裂，盘状。蒴果长圆状倒披针形，淡褐色。花果期7—10月。锦潭管理站八宝、联山有分布。

网脉蛛毛苣苔 苦苣苔科 蛛毛苣苔属

■ *Paraboea dictyoneura* (Hance) Burtt

多年生无茎草本。叶全部基生；长圆形等，顶端尖，基部渐狭下延成柄，边缘具不整齐粗齿。聚伞花序伞状，3~5个，顶生和腋生，每花序具多数花；花萼5裂；花冠淡紫色；檐部稍二唇形，上唇2裂，下唇3裂。雄蕊2枚；退化雄蕊3枚，生于花冠近基部；雌蕊无毛，子房狭长圆形，柱头1裂，头状。蒴果线状长圆形。花期4月，果期5—6月。前进、锦潭管理站乌田、八宝有分布。全草可入药，活血、消肿、止痛。

259. 爵床科 Acanthaceae

白接骨 爵床科 白接骨属

■ *Asystasiella neesiana* (Wall.) Lindau

草本。茎略呈四棱形。叶卵形等，顶端尖至渐尖，边缘微波状至具浅齿，基部下延成柄，叶纸质。总状花序或基部有分枝，顶生；花单生或对生；花萼裂片5枚；花冠呈淡紫红色，漏斗状，花冠筒细长，裂片5枚；二强雄蕊。蒴果上部具4颗种子。花期9月，果期10—12月。锦潭管理站联山有分布。叶、根状茎可入药，止血。

大花叉柱花 爵床科 叉柱花属

■ *Staurogyne sesamoides* (Hand.-Mazz.) B. L. Burtt

直立草本。叶对生，草质；椭圆状披针形，先端渐尖，基部楔形。总状花序顶生或腋生，不分枝；花萼裂片5枚，近相等；花冠白色或淡红白色，冠檐裂片5枚，近圆形，近相等；能育雄蕊4枚，二强，生于喉基部。蒴果狭椭圆形，先端急尖。花期4月，果期6月。锦潭管理站联山有分布。

华南野靛棵 爵床科 野靛棵属

■ *Mananthes austrosinensis* (H. S. Lo) C. Y. Wu et C. C. Hu

别名华南爵床。草本。茎四棱形。叶卵形等，边有粗齿或全缘。穗状花序腋生和顶生，密花或有时间断；苞片扇形，有时阔卵形，顶端有1个或3个短尖头，有时圆，每苞内常有1～2朵花；花萼5裂；花冠黄绿色，上唇微凹，下唇3裂，有喉凸；雄蕊2枚，花药下方1室有距。花果期9—12月。前进、锦潭管理站乌田、鲤鱼有分布。

少花黄猄草 爵床科 黄猄草属

■ *Championella oligantha* (Miq.) Bremek.

别名少花马蓝。草本。茎四棱形，具沟槽。叶具柄，宽卵形至椭圆形，顶端渐尖，基部宽楔形，边具疏锯齿。花数朵集生成头状的穗状花序；花萼5裂，花冠管圆柱形，稍弯曲，向上扩大成钟形，冠檐裂片5枚，几相等；雄蕊4枚，二强。蒴果近顶端有短绒毛。花期8月，果期10—12月。前进、锦潭管理站乌田、八宝有分布。

水蓑衣 爵床科 水蓑衣属

■ *Hygrophila salicifolia* (Vahl) Nees

别名墨莱、柳叶水蓑衣。草本。茎四棱形；叶近无柄，纸质，长等，两端渐尖，先端钝。花簇生于叶腋，无梗；花萼圆筒状，5深裂至中部；花冠淡紫色或粉红色，上唇卵状三角形，下唇长圆形。蒴果比宿存萼长1/4～1/3，干时淡褐色。花果期秋季。前进、锦潭、横石塘、云岭、沙口管理站均有分布。全草可入药，健胃消食、清热消肿。

263. 马鞭草科 Verbenaceae

杜虹花 马鞭草科 紫珠属

■ *Callicarpa formosana* Rolfe

别名粗糠仔、老蟹眼。灌木。叶卵状椭圆形等，顶端常渐尖，基部钝或浑圆，边缘有细锯齿。聚伞花序常4~5次分歧；花萼杯状，萼裂片钝三角形；花冠紫色或淡紫色，裂片钝圆；雄蕊花药椭圆形，药室纵裂；子房无毛。果实近球形，紫色。花期5—7月，果期8—11月。前进、锦潭、横石塘、云岭、沙口管理站均有分布。叶可入药，散瘀消肿、止血镇痛。

老鸦糊 马鞭草科 紫珠属

■ *Callicarpa giraldii* Hesse ex Rehd.

灌木。叶纸质，宽椭圆形等，顶端渐尖，基部楔形，边缘有锯齿。聚伞花序4～5次分歧，被毛与小枝同；花萼钟状，萼裂片钝三角形；花冠紫色，具黄色腺点；雄蕊花药卵圆形，药室纵裂，药隔具黄色腺点；子房被毛。果实球形，熟时紫色。花期5—6月，果期7—11月。锦潭管理站长江有分布。全株可入药，清热解毒。

钩毛紫珠 马鞭草科 紫珠属

■ *Callicarpa peichieniana* Chun et S. L. Chen

灌木。叶菱状卵形等，密被黄色腺点，顶端尾尖或渐尖，基部宽楔形或钝圆，边缘上半部疏生小齿。聚伞花序单一（稀2次分歧），有花1～7朵；花萼杯状，被黄色腺点；花冠紫红色，被细毛和黄色腺点；子房球形，具稠密腺点。果实球形，熟时紫红色，具4个分核。花期6—7月，果期8—11月。锦潭、沙口管理站联山、江溪有分布。

红紫珠 马鞭草科 紫珠属

■ *Callicarpa rubella* Lindl.

别名漆大伯、空壳树、复生药等。灌木。叶倒卵形等，顶端尾尖，基部心形，有时偏斜，边缘具齿。聚伞花序；花萼具黄色腺点，萼裂片钝三角形或不明显；花冠紫红色等，外被细毛和黄色腺点。果实紫红色。花期5—7月，果期7—11月。前进、锦潭、横石塘、云岭、沙口管理站均有分布。用根炖肉服，可通经和治白带异常症；嫩芽揉碎擦癣；叶可止血、接骨。

钝齿红紫珠 马鞭草科 紫珠属

■ *Callicarpa rubella* f. *crenata* Pei

与原变种红紫珠的区别：叶形较小，花序梗较短，小枝、叶片和花序均被多细胞的单毛和腺毛。花期6—7月，果期7—12月。前进、锦潭、横石塘、云岭、沙口管理站均有分布。

兰香草 马鞭草科 莸属

■ *Caryopteris incana* (Thunb.) Miq.

别名莸、卵叶莸、马蒿、山薄荷、婆绒花。小灌木。叶厚纸质，披针形等，顶端钝或尖，基部楔形，边缘有粗齿，两面具黄色腺点。聚伞花序紧密，腋生和顶生；花萼杯状；花冠淡紫色或淡蓝色，二唇形，花冠5裂，下唇中裂片较大，边缘流苏状；雄蕊4枚；柱头2裂。蒴果倒卵状球形，被粗毛，果瓣有宽翅。花果期6—10月。前进管理站前进有分布。全草可入药，疏风解表、祛痰止咳、散瘀止痛。

海通 马鞭草科 大青属

■ *Clerodendrum mandarinorum* Diels

别名满大青、小花泡桐、牡丹树、泡桐树、白灯笼、木常山等。灌木或乔木。叶近革质，卵状椭圆形等，顶端渐尖，基部截形。伞房状聚伞花序顶生，分枝多，疏散；花萼小，钟状，密被短绒毛和少数盘状腺体，萼裂片尖细；花冠白色或淡紫色，有香气，外被短绒毛。核果近球形，熟后蓝黑色。花果期7—12月。锦潭管理站联山有分布。枝叶可治半边疯。

灰毛牡荆 马鞭草科 牡荆属

Vitex canescens Kurz.

别名灰牡荆、灰布荆。乔木。掌状复叶，小叶3～5枚；小叶片卵形，椭圆形等，顶端渐尖或骤尖，基部宽楔形，侧生小叶基部常不对称，全缘。圆锥花序顶生，花萼顶端有5小齿；花冠黄白色；雄蕊4枚，二强，生于花冠管的喉部；子房顶端有腺点。核果近球形或长圆状倒卵形，表面淡黄色或紫黑色；宿存萼外有毛。花期4—5月，果期5—6月。锦潭管理站八宝有分布。成熟果实可治胃痛；根可入药，治外感风寒、疟疾等；木材可作胶合板。

264. 唇形科 Labiatae

金疮小草 唇形科 筋骨草属

■ *Ajuga decumbens* Thunb.

别名青鱼胆草、青鱼胆、苦地胆、散血草。一或二年生草本。基生叶较多，叶柄具狭翅，呈紫绿色；叶薄纸质，匙形等，先端钝，基部渐狭，下延，边缘具齿或全缘。轮伞花序多花，排成间断的穗状花序；花萼漏斗状，萼裂片5枚；花冠淡蓝色，筒状，冠檐二唇形，上唇短，下唇宽大，伸长，3裂；雄蕊4枚，二强；子房4裂。花期3—7月，果期5—11月。前进、锦潭、横石塘、云岭、沙口管理站均有分布。全草可入药，治痈疽疔疮、毒蛇咬伤及外伤出血等。

小野芝麻 唇形科 小野芝麻属

■ *Galeobdolon chinense* (Benth.) C. Y. Wu

别名假野芝麻。一年生草本。叶卵圆形等，先端钝至急尖，基部阔楔形，边缘具齿，草质。轮伞花序2～4朵花；花萼管状钟形，萼裂片披针形；花冠粉红色，外被白色长绒毛，冠檐二唇形，3裂，中裂片较大；花柱丝状，先端不相等的2浅裂。小坚果三棱状倒卵圆形，顶端截形。花期3—5月，果期在6月以后。云岭管理站水头有分布。

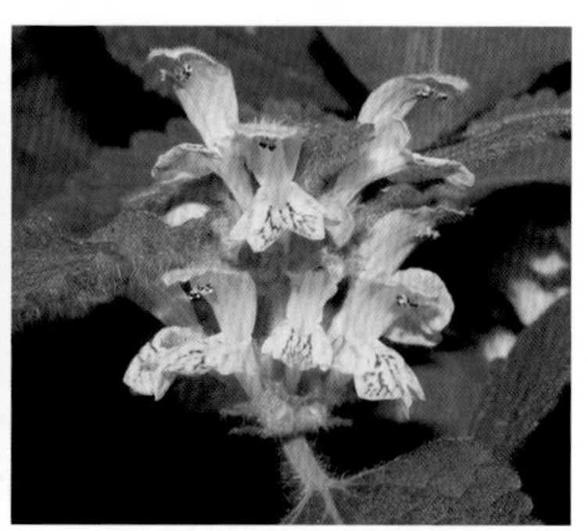

活血丹 唇形科 活血丹属

■ *Glechoma longituba* (Nakai) Kupr

多年生草本。叶草质，下部较小，心形或近肾形；上部较大，叶片心形，先端急尖，基部心形，边缘具齿。轮伞花序通常2朵花，稀4～6朵花；花萼管状，萼裂片5枚，上唇3齿，较长，下唇2齿，略短；花冠淡蓝色、蓝色至紫色，下唇具深色斑点，冠筒直立，上部渐膨大成钟形，有长筒与短筒2型；上唇直立，2裂，下唇3裂，中裂片最大；雄蕊4枚，内藏；子房4裂，无毛。成熟小坚果深褐色，长圆状卵形。花期4—5月，果期5—6月。前进、锦潭管理站乌田、长江有分布。全草或茎、叶可入药，治膀胱结石或尿路结石等。

冠唇花 唇形科 冠唇花属

■ *Microtoena insuavis* (Hance) Prain ex Dunn

直立草本或半灌木。叶卵圆形，先端急尖，基部截状阔楔形，下延至叶柄而成狭翅，薄纸质，边缘具锯齿状圆齿。聚伞花序二歧，分枝蝎尾状；花萼小，萼裂片5枚；花冠红色，具紫色的盔，冠筒向上渐宽，冠檐二唇形，上唇盔状，先端微缺，基部截形，下唇较长，先端3裂，中裂片较长，侧裂片较小；雄蕊4枚，近等长；子房无毛。小坚果卵圆状，小，腹部具棱，暗褐色。花期10—12月，果期12月至翌年1月。云岭管理站水头有分布。

夏枯草 唇形科 夏枯草属

■ *Prunella vulgaris* L.

别名麦穗夏枯草、铁线夏枯草、麦夏枯、铁线夏枯、铁色草等。多年生草本。茎叶卵状长圆形，大小不等，先端钝，基部圆形，下延至叶柄成狭翅，边缘具不明显波状齿或几近全缘，草质。轮伞花序密集组成顶生的穗状花序，花萼钟形，二唇形；花冠紫色，冠檐二唇形，下唇约为上唇的1/2，3裂；雄蕊4枚，前对长很多。小坚果黄褐色，长圆状卵珠形。花期4—6月，果期7—10月。前进管理站前进有分布。全株可入药，治口眼歪斜、止筋骨疼。

线纹香茶菜 唇形科 香茶菜属

■ *Rabdosia lophanthoides* (Buch.-Ham. ex D. Don) Hara

别名因陈草、熊胆草、土黄莲。多年生柔弱草本。茎叶卵形或阔卵形等，先端钝，基部圆形，稀浅心形，边缘具圆齿，草质。圆锥花序顶生及侧生，由聚伞花序组成，聚伞花序有11～13朵花，分枝蝎尾状；花萼钟形，萼裂片5枚，二唇形；花冠白色或粉红色，具紫色斑点，冠檐二唇形。花果期8—12月。横石塘管理站石门台有分布。全草可入药，治急性黄疸型肝炎、急性胆囊炎、咽喉炎等。

贵州鼠尾草 唇形科 鼠尾草属

■ *Salvia cavaleriei* Levl.

一年生草本。叶形状不一，下部叶为羽状复叶，顶生小叶长卵圆形或披针形，先端钝或钝圆，基部楔形或圆形而偏斜，边缘有稀疏的钝锯齿，草质。轮伞花序有2～6朵花，疏离，组成顶生总状花序，或总状花序基部分枝而呈总状圆锥花序；花萼筒状，二唇形；花冠蓝紫色或紫色，冠檐二唇形；能育雄蕊2枚，伸出花冠上唇之外。小坚果长椭圆形，黑色，无毛。花期7—9月，果期10月。沙口管理站石坑有分布。

华鼠尾草 唇形科 鼠尾草属

Salvia chinensis Benth.

别名石见穿、紫参、月下红、半支莲、活血草、野沙参。一年生草本。叶全为单叶或下部具3小叶的复叶，叶卵圆形等，先端钝或锐尖，基部心形，边缘有齿。轮伞花序多具6朵花，在下部的疏离，上部的较密集，组成顶生的总状花序或总状圆锥花序；花萼钟形，紫色，萼檐二唇形；花冠蓝紫色或紫色，冠檐二唇形；能育雄蕊2枚。小坚果椭圆状卵圆形，褐色，光滑。花果期8—10月。前进管理站前进有分布。全草可入药，治肝炎、面神经麻痹等。

粗齿黄芩 唇形科 黄芩属

Scutellaria grossecrenata Merr. et Chun

直立草本。叶坚纸质，宽卵圆形，先端钝，基部圆形，边缘具圆齿。花对生，排列成顶生或腋生的总状花序；花冠紫红色；冠檐二唇形，上唇盔状，下唇中裂片宽卵圆形；雄蕊4枚，二强。小坚果圆形，被微绒毛，内凹。花果期3—10月。锦潭管理站八宝有分布。

英德黄芩 唇形科 黄芩属

■ *Scutellaria yingtakensis* Sun

多年生草本。叶草质，狭卵圆形等，先端急尖，基部宽楔形，边缘疏生4～6对浅齿。花对生，在茎及枝条顶上排列成总状花序；花萼被具腺微绒毛。花冠淡红色至紫红色；冠檐二唇形，上唇盔状，内凹，顶端圆，下唇中裂片圆状卵圆形，顶端圆，两侧裂片狭长圆形，顶端浑圆；雄蕊4枚，二强。小坚果深褐色，光滑。花果期4—5月。前进管理站前进有分布。

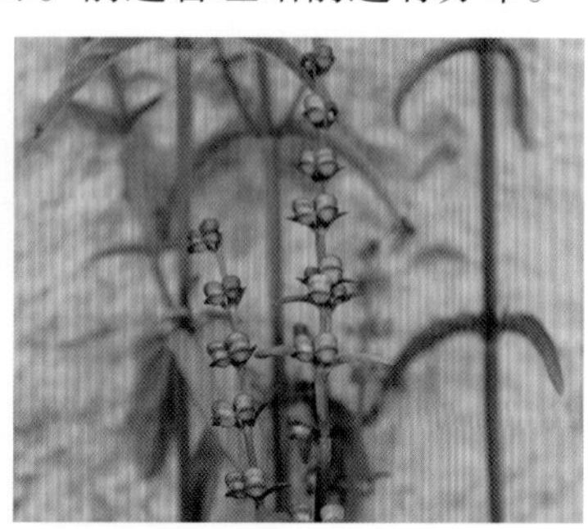

地蚕 唇形科 水苏属

■ *Stachys geobombycis* C. Y. Wu

别名冬虫夏草、五眼草、野麻子。多年生草本。茎叶长圆状卵圆形，先端钝，基部浅心形或圆形，边缘有整齐的粗大圆齿状锯齿。轮伞花序腋生，有4～6朵花，远离，组成穗状花序；花萼倒圆锥形，萼筒齿5；花冠淡紫色至紫蓝色，等粗，冠檐二唇形；雄蕊4枚，前对稍长。花果期4—6月。前进、锦潭、横石塘、云岭、沙口管理站均有分布。肉质根茎可食；全草可入药，治跌打、疮毒和祛风毒。

267. 泽泻科 Alismataceae

野慈姑 泽泻科 慈姑属

Sagittaria trifolia L.

多年生水生或沼生草本。挺水叶箭形，叶片长短、宽窄变异很大；叶柄基部渐宽，鞘状，边缘膜质。花葶直立，挺水；花序总状或圆锥状；花单性；花被片反折，外轮花被片椭圆形或广卵形；内轮花被片白色或淡黄色，雌花常1～3轮，心皮多数，两侧压扁；雄花多轮，雄蕊多数，花药黄色，花丝长短不一。瘦果两侧压扁，倒卵形，具翅，背翅多少不整齐；果喙短，自腹侧斜上。花果期5—10月。前进、锦潭、横石塘、云岭、沙口管理站均有分布。

280. 鸭跖草科 Commelinaceae

饭包草 鸭跖草科 鸭跖草属

Commelina bengalensis L.

别名火柴头、竹叶菜、卵叶鸭跖草、圆叶鸭跖草。多年生披散草本。叶卵形，顶端钝或急尖；叶鞘口沿有睫毛。花序下面1个具细长梗，具1～3朵不孕的花，伸出佛焰苞，上面1个有花数朵，结实；萼片膜质；花瓣蓝色；内面2枚具长爪。蒴果椭圆状。花果期夏秋两季。前进、锦潭、横石塘、云岭、沙口管理站均有分布。全草可入药，清热解毒、消肿利尿。

鸭跖草 鸭跖草科 鸭跖草属

■ *Commelina communis* L.

一年生披散草本。叶披针形至卵状披针形。总苞片佛焰苞状，与叶对生；聚伞花序，下面1个仅有花1朵，不孕；上面1个具花3～4朵，具短梗；花梗果期弯曲；萼片膜质，里面2枚常靠近或合生；花瓣深蓝色；里面2枚具爪。蒴果椭圆形，2室，2爿裂。花果期7—10月。前进、锦潭、横石塘、云岭、沙口管理站均有分布。全草可入药，消肿利尿、清热解毒。

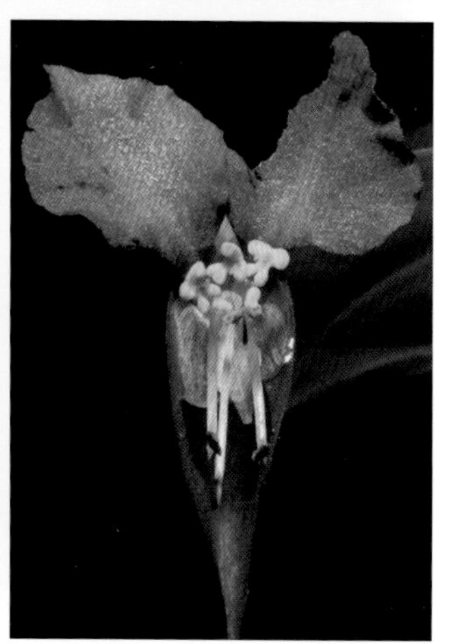

节节草 鸭跖草科 鸭跖草属

■ *Commelina diffusa* Burm. f.

别名竹节菜，竹节花。一年生披散草本。叶披针形等，顶端常渐尖；叶鞘上常有红色小斑点。蝎尾状聚伞花序常单生于分枝上部叶腋；总苞片折叠状；花序自基部开始2叉分枝；萼片椭圆形，浅舟状；花瓣蓝色。蒴果矩圆状三棱形，3室。花果期5—11月。前进、锦潭、横石塘、云岭、沙口管理站均有分布。全草可入药，消热、散毒、利尿。

牛轭草 鸭跖草科 水竹叶属

■ *Murdannia loriformis* (Hassk.) Rolla Rao et Kammathy

别名鸡嘴草、水竹草。多年生草本。主茎上的叶密集，呈莲座状，禾叶状或剑形；可育茎上的叶较短。蝎尾状聚伞花序单枝顶生或有2~3个集成圆锥花序；总苞片下部的叶状而较小；聚伞花序有数朵非常密集的花；萼片草质；花瓣紫红色或蓝色；能育雄蕊2枚。蒴果卵圆状三棱形。花果期5—10月。前进、锦潭、横石塘、云岭、沙口管理站均有分布。

杜若 鸭跖草科 杜若属

■ *Pollia japonica* Thunb.

多年生草本。叶无柄或叶基渐狭；叶长椭圆形，基部楔形，顶端长渐尖。蝎尾状聚伞花序常多个成轮排列，形成数个疏离的轮，花序远远地伸出叶子，各级花序轴和花梗被相当密的钩状毛；萼片3枚；花瓣白色；雄蕊6枚全育。果球状。花期7—9月。果期9—10月。前进、锦潭、横石塘、云岭、沙口管理站均有分布。全草可入药，治蛇、虫咬伤及腰痛。

283. 黄眼草科 Xyridaceae

黄眼草 黄眼草科 黄眼草属

■ *Xyris indica* L.

多年生粗壮草本。叶剑状线形，基部套折，顶端尖锐至稍钝。花葶粗壮，扁至圆柱状，具深槽纹；头状花序卵形至长圆状卵形，有时近球形；萼片半透明膜质；花瓣淡黄色至黄色，边缘具波状齿；雄蕊贴生于花瓣；子房卵圆形；花柱上端3裂。蒴果倒卵圆形至球形。花果期6—9月。前进、锦潭管理站前进、长江有分布。

285. 谷精草科 Eriocaulaceae

谷精草 谷精草科 谷精草属

■ *Eriocaulon buergerianum* Koern.

别名连萼谷精草、珍珠草。草本。叶线形，丛生，半透明。花葶多数，扭转，具4～5棱；鞘状苞片口部斜裂；花序熟时近球形，禾秆色；雄花花萼佛焰苞状，外侧裂开，3浅裂；花冠裂片3枚，近顶处各有1黑色腺体；雄蕊6枚；雌花萼合生，顶端3浅裂；花瓣3枚，离生，顶端各具1黑色腺体；子房3室，花柱分枝3枚。花果期7—12月。前进、锦潭、横石塘、云岭、沙口管理站均有分布。全草可入药。

290. 姜科 Zingiberaceae

光叶云南草蔻 姜科 山姜属

■ *Alpinia blepharocalyx* var. *glabrior* (Hand.-Mazz.) T. L. Wu

草本。叶披针形或倒披针形，顶端具短尖头，基部渐狭。总状花序，花序轴被粗硬毛；花萼椭圆形，顶端具3齿；花冠肉红色，喉部无毛；后方的1枚花冠裂片近圆形，两侧裂片阔披针形；侧生退化雄蕊钻状；唇瓣卵形，红色；子房长圆形，密被绒毛。果椭圆形，被毛。花期3—7月，果期4—11月。锦潭管理站八宝、联山有分布。

距花山姜 姜科 山姜属

■ *Alpinia calcarata* Rosc.

草本。叶片线状披针形，顶端渐尖并具尾状尖头，基部渐狭。圆锥花序，花序轴稍被绒毛，下部的分枝上长3～4朵花；花萼被短绒毛，顶端3齿裂，复又一侧开裂；花冠管白色，花冠裂片长圆形；侧生退化雄蕊近钻状，红色；唇瓣倒卵形，顶端微凹，白色，杂各色斑纹；蜜腺圆柱形，顶部裂开；子房被绢毛。蒴果球形，熟时红色。花期5月，果期6—12月。锦潭管理站八宝、联山有分布。

山姜 姜科 山姜属

■ *Alpinia japonica* (Thunb.) Miq.

草本。叶片常2～5片，披针形等，两端渐尖，顶端具小尖头。总状花序顶生；总苞片披针形，开花时脱落；花常2朵聚生；花萼棒状，顶端3齿裂；花冠裂片长圆形，后方的1枚兜状；唇瓣卵形，白色而具红色脉纹，顶端2裂，边缘具不整齐缺刻。果球形或椭圆形，熟时橙红色，顶有宿存萼筒。花期4—8月，果期7—12月。前进、锦潭、横石塘、云岭、沙口管理站均有分布。果、根茎可入药，健胃理气、祛湿消肿、活血通络。

长柄山姜　姜科 山姜属

■ *Alpinia kwangsiensis* T. L. Wu et Senjen

草本。叶片长圆状披针形，顶端具小尖头，基部渐狭或心形，稍不等侧，叶背密被短绒毛；叶舌顶端2裂，被长硬毛。总状花序直立，密被黄色粗毛；花序上的花很稠密，果时宿存；花萼筒状，淡紫色，顶端3裂，复又一侧开裂，被黄色长粗毛；花冠白色，花冠裂片长圆形；唇瓣卵形，白色，内染红；子房长圆形，密被黄色长粗毛。果圆球形，被疏长毛。花果期4—6月。锦潭管理站八宝有分布。

假益智　姜科 山姜属

■ *Alpinia maclurei* Merr.

草本。叶片披针形，顶端尾状渐尖，基部渐狭；叶舌2裂，被绒毛。圆锥花序直立，多花，被灰色短绒毛；花3～5朵聚生于分枝的顶端；花梗极短；花萼管状，被短绒毛，顶端具3齿，齿近圆形；花冠管裂片长圆形，兜状；唇瓣长圆状卵形，花时反折；子房卵形，被绒毛。果球形，无毛。花期3—7月，果期4—10月。前进、锦潭、横石塘、云岭、沙口管理站均有分布。

三叶豆蔻 姜科 豆蔻属

■ *Amomum austrosinense* D. Fang

草本。具1～3枚叶，常2枚；叶鞘具条纹；叶舌2浅裂；叶狭椭圆形或长圆形，除中脉被微绒毛外无毛，基部楔形到宽，有时斜，边缘密被纤毛，先端渐尖。穗状花序；苞片卵形或长圆形，1或2花；基部花萼白色，上部紫色，被微绒毛，先端3或4齿；侧生退化雄蕊红色；唇瓣白色具红线，倒卵形，边缘粗锯齿，先端2裂；子房密被短绒毛。蒴果球状，先端具宿存萼。花期5月，果期8—12月。前进管理站前进有分布。

郁金 姜科 姜黄属

■ *Curcuma aromatica* Salisb.

草本。叶基生，长圆形，顶端具细尾尖，基部渐狭，叶背被短绒毛。花葶单独由根茎抽出，穗状花序圆柱形；花萼被疏绒毛，顶端3裂；花冠管漏斗形，喉部被毛，裂片长圆形，白色而带粉红色；侧生退化雄蕊淡黄色；唇瓣黄色，倒卵形，顶微2裂；子房被长绒毛。花果期4—6月。横石塘、云岭管理站建山、水头有分布。膨大块根可入药，行气解郁、破瘀、止痛。

蘘荷 姜科 姜属

■ *Zingiber mioga* (Thunb.) Rosc.

别名野姜。草本。叶披针状椭圆形等，顶端尾尖；叶舌膜质，2裂。穗状花序椭圆形；总花梗被长圆形鳞片状鞘；苞片覆瓦状排列，椭圆形；花萼一侧开裂；花冠管较萼为长，裂片披针形，淡黄色；唇瓣卵形，3裂，中裂片中部黄色，边缘白色。果倒卵形，熟时裂成3瓣。花果期8—10月。前进管理站乌田有分布。根茎、花序可入药，祛风止痛、消肿、活血、散瘀；嫩花序、嫩叶可作蔬菜。

*姜 姜科 姜属

■ *Zingiber officinale* Rosc.

草本。根茎肥厚，有芳香及辛辣味。叶披针形等；叶舌膜质。穗状花序球果状；苞片卵形，淡绿色或边缘淡黄色；花冠黄绿色；唇瓣中央裂片长圆状倒卵形，短于花冠裂片，有紫色条纹及淡黄色斑点，侧裂片卵形；雄蕊暗紫色；药隔附属体钻状。花果期秋季。中国各地栽培；前进、锦潭、横石塘、云岭、沙口管理站均有栽培。根茎可入药或提取芳香油。

293. 百合科 Liliaceae

九龙盘 百合科 蜘蛛抱蛋属

■ *Aspidistra lurida* Ker-Gawl.

别名竹叶盘、青蛇莲等。草本。叶单生，矩圆状披针形等，先端渐尖，基部多近楔形；叶柄明显。苞片3～6枚，其中1～3枚位于花基部；花被近钟状；花被筒内面褐紫色，上部6或8裂；雄蕊6～8枚，生于花被筒基部；子房基部膨大；花柱无关节；柱头盾状膨大，上面通常有3～4条微凸的棱，边缘波状浅裂，裂片边缘不向上反卷。花期9月。沙口管理站石坑有分布。根状茎可入药，活血祛瘀、接骨止痛。

小花蜘蛛抱蛋 百合科 蜘蛛抱蛋属

■ *Aspidistra minutiflora* Stapf

草本。叶2～3枚簇生，带形或带状倒披针形，先端渐尖，基部渐狭，近先端的边缘有细锯齿。总花梗纤细；苞片2～4枚；花小，花被坛状，青色带紫色，具紫色细点，上部具6裂；裂片小，三角状卵形；雄蕊6枚，生于花被筒底部；子房几不膨大，花柱粗短，无关节，柱头稍膨大，圆形，边缘具6枚圆齿。花期9—10月，果期12月至翌年2月。锦潭、沙口管理站联山、石坑有分布。

竹根七 百合科 竹根七属

■ *Disporopsis fuscopicta* Hance

草本。叶纸质，卵形等，先端渐尖，基部钝，具柄。花1～2朵生于叶腋，白色，内带紫色；花被钟形；花被筒长约为花被的2/5；副花冠裂片膜质，与花被裂片互生，先端通常2～3齿或2浅裂；花柱与子房近等长。浆果近球形，具2～8颗种子。花期4—5月，果期8月至翌年1月。锦潭管理站联山有分布。

万寿竹 百合科 万寿竹属

■ *Disporum cantoniense* (Lour.) Merr.

草本。叶纸质，披针形等，先端渐尖至长渐尖，基部近圆形，有明显的3～7脉，下面脉上和边缘有乳头状凸起。伞形花序有花3～10朵，生于与上部叶对生的短枝顶端；花紫色；雄蕊内藏；花柱连同柱头长为子房的3～4倍。浆果，具2～3颗种子。花期5—7月，果期8—10月。前进管理站乌田有分布。根状茎可入药，益气补肾、润肺止咳。

少花万寿竹 百合科 万寿竹属

■ *Disporum uniflorum* Baker ex S. Moore

多年生草本。叶宽椭圆形至长圆状卵形。花序顶生，具1～3朵花；花圆柱状钟形；花被片黄色；花丝基部稍具乳突。浆果蓝黑色，近球形。花期3—6月，果期7—11月。锦潭、沙口管理站联山、石坑有分布。

紫萼 百合科 玉簪属

■ *Hosta ventricosa* (Salisb.) Stearn

草本。叶卵状心形等，先端通常近短尾状或骤尖，基部心形，极少叶片基部下延而略呈楔形，具7 ~ 11对侧脉。花葶具10 ~ 30朵花；花单生，盛开时从花被管向上骤然作近漏斗状扩大，紫红色；雄蕊伸出花被之外，完全离生。蒴果圆柱状，有3棱。花期6—7月，果期7—9月。锦潭管理站联山有分布。常栽培观赏。全草可入药，内用治胃痛、跌打损伤，外用治虫蛇咬伤和痈肿疔疮。

禾叶山麦冬 百合科 山麦冬属

■ *Liriope graminifolia* (L.) Baker

草本。叶先端钝或渐尖，近全缘，先端边缘具细齿，基部常残存枯叶或有时撕裂成纤维状。花葶通常稍短于叶，总状花序具许多花；花常3 ~ 5朵簇生于苞片腋内；花梗关节位于近顶端；花被片白色或淡紫色；子房近球形。种子卵圆形或近球形，熟时蓝黑色。花期6—8月，果期9—11月。前进、锦潭、横石塘、云岭、沙口管理站均有分布。

山麦冬 百合科 山麦冬属

■ *Liriope spicata* (Thunb.) Lour.

草本。叶先端急尖或钝，基部常包以褐色叶鞘，边缘具细锯齿。花葶常长于或几等长于叶；总状花序具多数花；花常3～5朵簇生于苞片腋内；花梗关节位于中部以上或近顶端；花被片矩圆形，淡紫色或淡蓝色；子房近球形。种子近球形。花期5—7月，果期8—10月。锦潭管理站八宝有分布。

多花黄精 百合科 黄精属

■ *Polygonatum cyrtonema* Hua

草本。茎常具10～15枚叶。叶互生，椭圆形等，先端尖至渐尖。花序具2～7朵花，伞形；花被黄绿色。浆果黑色，具3～9颗种子。花期5—6月，果期8—10月。锦潭、横石塘管理站联山、石门台有分布。

丫蕊花 百合科 丫蕊花属

Ypsilandra thibetica Franch.

草本。花葶常比叶长；总状花序具花数朵至20余朵；花被片白色、淡红色至紫色，近匙状倒披针形；雄蕊至少有1/3伸出花被；子房上部3裂，花柱稍高于雄蕊。蒴果长约为宿存花被片的1/2～2/3。花期3—4月，果期5—6月。前进、锦潭管理站联山有分布。

295. 延龄草科（七叶一枝花科）Trilliaceae

华重楼 延龄草科 重楼属

■ *Paris polyphylla* var. *chinensis* (Franch.) Hara

草本。叶5～8枚轮生，常7枚，倒卵状披针形等，基部常楔形。内轮花被片狭条形，中部以上变宽，长为外轮的1/3至近等长或稍超过；雄蕊8～10枚，花药长为花丝的3～4倍。花期5—7月，果期8—10月。锦潭、横石塘管理站联山、石门台有分布。

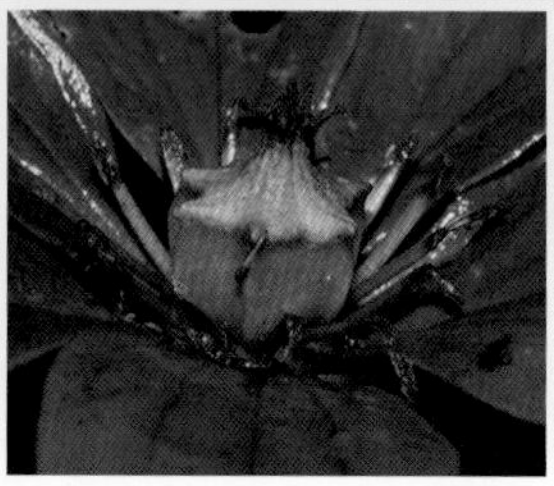

296. 雨久花科 Pontederiaceae

凤眼蓝 雨久花科 凤眼蓝属

■ *Eichhornia crassipes* (Mart.) Solms

别名水浮莲、水葫芦。浮水草本。叶在基部丛生，莲座状排列，多5～10片；叶片圆形等，顶端钝圆或微尖，基部宽楔形，质地厚实；叶柄中部膨大成囊状或纺锤形。穗状花序常9～12朵花；花被裂片6枚，紫蓝色；雄蕊6枚，3长3短；子房上位，3室；柱头上密生腺毛。蒴果卵形。花期7—10月，果期8—11月。前进、锦潭、横石塘、云岭、沙口管理站均有分布。全草可作饲料；嫩叶及叶柄可作蔬菜；全株可入药，清凉解毒、除湿、祛风热。

雨久花 雨久花科 雨久花属

■ *Monochoria korsakowii* Regel et Maack

直立水生草本。叶基生和茎生；基生叶宽卵状心形，顶端急尖或渐尖，基部心形，全缘；叶柄有时膨大成囊状；茎生叶叶柄渐短，基部增大成鞘，抱茎。总状花序顶生，有时再聚成圆锥花序；花10余朵；花被片蓝色；雄蕊6枚。蒴果长卵圆形。花期7—8月，果期9—10月。前进管理站更古有分布。全草可作饲料；花供观赏。

297. 菝葜科 Smilacaceae

华肖菝葜 菝葜科 肖菝葜属

Heterosmilax chinensis Wang

攀援灌木。叶纸质，矩圆形至披针形，先端渐尖，基部近圆形，边缘常微波状；叶柄在下部1/3处有卷须和狭鞘。伞形花序生于叶腋或褐色苞片腋内；总花梗扁，有沟；花序托球形；雄花花被筒矩圆形，顶端具3枚长而尖的齿；雄蕊3枚；雌花花被筒卵形，顶端3齿明显，内有3枚退化雄蕊。浆果近球形，熟时深绿色。花期4月，果期5—12月。前进、锦潭管理站前进、联山有分布。

肖菝葜 菝葜科 肖菝葜属

■ *Heterosmilax japonica* Kunth

攀援灌木。叶纸质，卵形等，先端渐尖或短渐尖，基部近心形；叶柄在下部1/4～1/3处有卷须和狭鞘。伞形花序有20～50朵花，生于叶腋或生于褐色苞片内；总花梗扁；花序托球形；雄花花被筒矩圆形，顶端有3枚钝齿；雄蕊3枚；雌花花被筒卵形，具3枚退化雄蕊，子房卵形，柱头3裂。浆果球形而稍扁，熟时黑色。花期6—8月，果期7—11月。锦潭管理站联山有分布。

合丝肖菝葜 菝葜科 肖菝葜属

■ *Heterosmilax japonica* var. gaudichaudiana (Kunth) Wang et Tang

与原变种肖菝葜的主要区别在于花药长度为花丝的1/4～1/3，花丝几乎全部合生。叶纸质，有时革质，宽卵形。花梗在果期多数略伸长而变粗；雄蕊几达花被筒口，花丝全部合生成一柱状体，花药长为花丝的1/4～1/3。浆果熟时紫黑色。花期5—6月，果期8—10月。锦潭、云岭管理站八宝、水头有分布。

短柱肖菝葜 菝葜科 肖菝葜属

■ *Heterosmilax yunnanensis* Gagnep.

攀援灌木。叶纸质或近革质，卵形等，先端三角状短渐尖，基部心形；叶柄在1/7～1/3处有卷须和狭鞘。伞形花序具20～60朵花；花序托球形；雄花花被筒椭圆形，顶端有3枚钝齿；雄蕊8～10枚，长于花药，基部多少合生成一短的柱状体；雌花花被筒卵圆形，顶端有3枚钝齿，约6枚退化雄蕊。果实近球形，紫色。花期5–6月，果期9—11月。锦潭管理站联山有分布。

弯梗菝葜 菝葜科 菝葜属

■ *Smilax aberrans* Gagnep.

攀援灌木或半灌木。叶薄纸质，椭圆形等，先端渐尖，基部近楔形或圆形，下面苍白色；叶柄上部常具乳突，基部较宽，具半圆形的膜质鞘，无卷须。伞形花序常生于刚从叶腋抽出的幼枝上，具几朵至20多朵花；雄花绿黄色或淡紫色；内外花被片相似；雄蕊极短，聚集于花中央。浆果果梗下弯。花期1—3月，果期8—12月。锦潭管理站联山有分布。

尖叶菝葜 菝葜科 菝葜属

■ *Smilax arisanensis* Hay.

攀援灌木。叶纸质，矩圆形等，先端渐尖或长渐尖，基部圆形；叶柄常扭曲，约占全长的1/2具狭鞘，多有卷须。伞形花序生于叶腋，或生于披针形苞片腋部；总花梗纤细，比叶柄长3～5倍；花序托几不膨大；花绿白色；雄花内外花被片相似；雄蕊长约为花被片的2/3；雌花比雄花小，雌花内花被片较狭，具3枚退化雄蕊。浆果熟时紫黑色。花期4—5月，果期10—11月。锦潭管理站联山有分布。

灰叶菝葜 菝葜科 菝葜属

■ *Smilax astrosperma* Wang et Tang

攀援灌木。叶纸质或厚纸质，披针形，先端渐尖，基部近楔形；叶柄约占全长的1/5～1/4具狭鞘，多有卷须。伞形花序通常单个生于叶腋，具几朵至10余朵花；总花梗稍长于叶柄或近等长，近基部有1关节；花序托稍膨大；雄花花被片内3片稍狭于外3片；花药近条形；雌花比雄花小，具3枚退化雄蕊。浆果。花期3月，果期4—8月。前进、锦潭管理站乌田、八宝有分布。

绒毛菝葜 菝葜科 菝葜属

■ *Smilax chingii* Wang et Tang

攀援灌木。枝条有不明显的纵棱，常疏生刺。叶革质或厚纸质，卵状椭圆形等，先端渐尖，基部近圆形或钝，下面苍白色且多少具棕色或白色短绒毛；约占全长的1/2具叶鞘，少有卷须。伞形花序生于叶尚幼嫩的小枝上，具几朵花；花序托常延长，使花序多少呈总状；雌花比雄花略小，具6枚退化雄蕊。浆果熟时红色。花期3—4月，果期11—12月。锦潭管理站联山有分布。

黑果菝葜 菝葜科 菝葜属

■ *Smilax glauco-china* Warb.

别名金刚藤头。攀援灌木。茎常疏生刺。叶厚纸质，常椭圆形，先端微凸，基部圆形或宽楔形，下面苍白色；叶柄约占全长的1/2具鞘，有卷须。伞形花序常生于叶稍幼嫩的小枝上，具几朵或10余朵花；花序托稍膨大，具小苞片；花绿黄色；雌花与雄花大小相似，具3枚退化雄蕊。浆果熟时黑色，具粉霜。花期3—5月，果期10—11月。锦潭管理站联山有分布。根状茎富含淀粉，可制糕点或加工食用。

马甲菝葜 菝葜科 菝葜属

■ *Smilax lanceifolia* Roxb.

攀援灌木。叶常纸质，卵状矩圆形等，先端渐尖或骤凸，基部圆形或宽楔形；叶柄约占全长的1/5 ~ 1/4具狭鞘，多有卷须。伞形花序常单个生于叶腋，具几十朵花，极少2个伞形花序生于1个共同的总花梗上；总花梗常短于叶柄，果期可与叶柄等长，近基部有1关节；花序托稍膨大，果期近球形；花黄绿色；雌花比雄花小一半，具6枚退化雄蕊。浆果有1 ~ 2颗种子。花期3月，果期5—6月。锦潭管理站八宝有分布。

折枝菝葜 菝葜科 菝葜属

■ *Smilax lanceifolia* var. *elongata* Wang et Tang

攀援灌木。叶厚纸质或革质，长披针形等，小枝迴折状；先端渐尖或骤凸，基部圆形或宽楔形；叶柄约占全长的1/5 ~ 1/4具狭鞘，一般有卷须。伞形花序常单个生于叶腋，具几十朵花，极少2个伞形花序生于1个共同的总花梗上；总花梗比叶柄长；花序托稍膨大，果期近球形；花黄绿色；雄蕊与花被片近等长或稍长，花药近圆形；雌花比雄花小一半，具6枚退化雄蕊。浆果熟时黑紫色。花期3—4月，果期10—11月。锦潭管理站长江有分布。

暗色菝葜 菝葜科 菝葜属

■ *Smilax lanceifolia* var. *opaca* A. DC.

攀援灌木。叶常纸质，卵状矩圆形等，先端渐尖或骤凸，基部圆形或宽楔形；多有卷须。伞形花序常单个生于叶腋，具几十朵花；总花梗通常短于叶柄，果期可与叶柄等长，近基部有1关节；花序托稍膨大，果期近球形；花黄绿色；雌花比雄花小一半，具6枚退化雄蕊。浆果有1～2颗种子。花果期9—12月。前进、锦潭、横石塘、云岭、沙口管理站均有分布。

大果菝葜 菝葜科 菝葜属

■ *Smilax macrocarpa* Bl.

攀援灌木。叶纸质，卵形或椭圆形，先端近微凸，基部圆形至截形；叶柄约占全长的1/3～1/2具狭鞘，一般有卷须。圆锥花序，常具2个伞形花序，少3个或1个；伞形花序；花序托稍膨大；雄花绿黄色。浆果熟时深红色。花期2—3月，果期3—10月。锦潭、横石塘管理站八宝、石门台有分布。

抱茎菝葜 菝葜科 菝葜属

■ *Smilax ocreata* A. DC.

攀援灌木。茎常疏生刺。叶革质，卵形或椭圆形，先端短渐尖，基部宽楔形；叶柄基部两侧具耳状的鞘，有卷须；鞘外折或近直立，长约为叶柄的1/4～1/3，作穿茎状抱茎。圆锥花序具2～4个伞形花序；伞形花序单个着生，具10～30朵花；花序托膨大，近球形；花黄绿色；雌花与雄花近等大，但外花被片比内花被片宽3～4倍，无退化雄蕊。浆果熟时呈暗红色，具粉霜。花期3—6月，果期7—10月。前进、锦潭、横石塘、云岭、沙口管理站均有分布。

302. 天南星科 Araceae

金钱蒲 天南星科 菖蒲属

■ *Acorus gramineus* Soland

别名金线蒲、钱蒲、菖蒲等。多年生草本。根茎上部多分枝，呈丛生状。叶基对折，两侧膜质叶鞘棕色；叶片质地较厚，线形，极狭，先端长渐尖。叶状佛焰苞短，为肉穗花序长的1～2倍，稀比肉穗花序短，狭；肉穗花序黄绿色，圆柱形。果黄绿色。花期5—6月，果期7—8月。前进、锦潭、横石塘、云岭、沙口管理站均有分布。根茎可入药。

尖尾芋 天南星科 海芋属

■ *Alocasia cucullata* (Lour.) Schott

别名假海芋、大麻芋、大附子、老虎掌芋、老虎芋等。直立草本。叶柄绿色，由中部至基部强烈扩大成宽鞘；叶膜质至亚革质，宽卵状心形，先端骤狭具凸尖，基部圆形。花序柄圆柱形，稍粗壮，常单生；佛焰苞近肉质，管部长圆状卵形；檐部狭舟状，边缘内卷，先端具狭长的凸尖；肉穗花序比佛焰苞短，雌花序圆柱形，基部斜截形。浆果近球形，常1颗种子。花果期4—6月。锦潭管理站八宝、长江有分布。全草可入药，治毒蛇咬伤等。

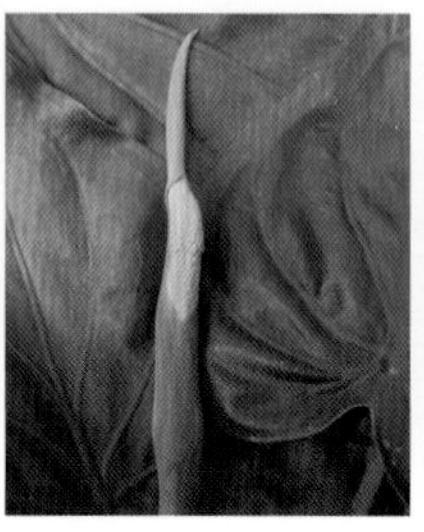

南蛇棒 天南星科 魔芋属

■ *Amorphophallus dunnii* Tutcher

草本。叶片3全裂，小裂片互生，基生小裂片椭圆形，先端骤狭渐尖，基部楔形，一侧稍下延；顶生2个小裂片倒披针形或披针形，锐尖，基部楔形，一侧下延。佛焰苞绿色、浅绿白色，干时膜质，下部席卷，上部舟状展开；肉穗花序短于佛焰苞；附属器长圆锥形或纺锤形，中部以上渐狭，先端钝圆；子房倒卵形，柱头盘状。浆果蓝色，种子黑色。花期3—4月，果期7—8月。前进、锦潭、横石塘、云岭、沙口管理站均有分布。

野魔芋 天南星科 魔芋属

■ *Amorphophallus variabilis* Blume

别名土南星。多年生草本。叶柄有灰色或淡绿色斑块；叶片3裂，Ⅰ次裂片二歧分叉；Ⅱ次裂片羽状分裂，最后的裂片互生，披针形等，渐尖，基部极下延；Ⅰ次裂片上的基生裂片卵状披针形。花序柄具粉绿色或灰色斑块；佛焰苞直立，渐尖，边缘玫红色；肉穗花序长为佛焰苞的2倍；附属器长圆锥状，基部稍增粗；子房扁球形，花柱比子房短，柱头圆锥形，分裂。浆果倒卵圆形。花期4月，果期6月。锦潭、横石塘管理站联山、石门台有分布。

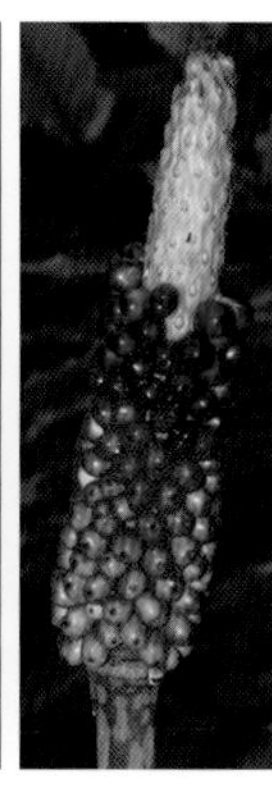

一把伞南星 天南星科 天南星属

■ *Arisaema erubescens* (Wall.) Schott

草本。叶1枚，极稀2，叶柄中部以下具鞘；叶放射状分裂，裂片无定数；幼株少则3～4枚，多年生植株多至20枚，常1枚上举，披针形等，无柄，长渐尖。花序柄比叶柄短；佛焰苞背面有白色条纹；肉穗花序单性，雄花序花密；雄花序的附属器下部光滑或有少数中性花；雌花序上具多数中性花；雄花具短柄，雄蕊2～4枚；雌花子房卵圆形。浆果红色，球形。花期5—7月，果期9月。锦潭、横石塘管理站联山、石门台有分布。块茎可入药。

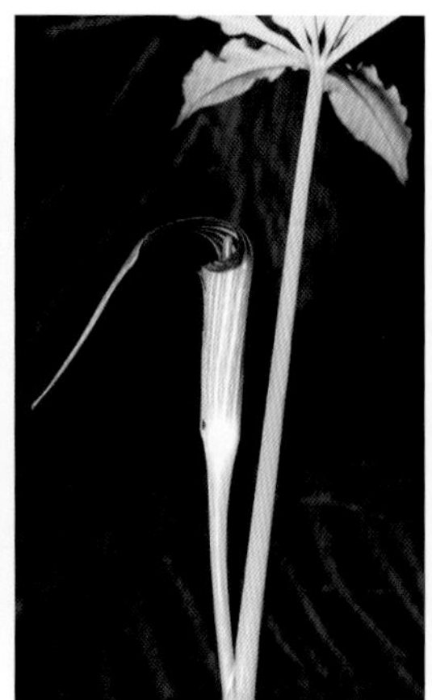

半夏 天南星科 半夏属

■ *Pinellia ternate* (Thunb.) Breit.

别名三叶半夏、三步跳、麻芋果等。叶2～5枚，有时1枚；叶柄顶头有珠芽；幼苗叶片卵状心形至戟形，为全缘单叶；老株叶片3全裂。花序柄长于叶柄；佛焰苞管部狭圆柱形；檐部长圆形；肉穗花序附属器绿色变青紫色，直立，有时“S”形弯曲。浆果卵圆形，黄绿色。花果期4—6月。前进、锦潭、横石塘管理站乌田、八宝、建山有分布。块茎可入药，有毒，燥湿化痰、降逆止呕。

305. 香蒲科 Typhaceae

香蒲　香蒲科 香蒲属

■ *Typha orientalis* Presl.

别名东方香蒲。多年生水生或沼生草本。叶条形；叶鞘抱茎。雌雄花序紧密连接；雄花常由3枚雄蕊组成；孕性雌花柱头匙形，外弯，子房纺锤形至披针形；不孕雌花子房近圆锥形，不发育柱头宿存。小坚果椭圆形至长椭圆形。花果期7—12月。锦潭、云岭、沙口管理站八宝、水头、江溪有分布。花粉可入药称蒲黄；叶编织、造纸等；幼叶基部和根状茎先端可食；雌花序可作枕芯和坐垫的填充物；栽培观赏。

306. 石蒜科 Amaryllidaceae

宽叶韭 石蒜科 葱属

■ *Allium hookeri* Thwaites

草本。叶条形至宽条形，比花葶短或近等长。花葶侧生，圆柱状，下部被叶鞘；伞形花序近球状，多花，花较密集；花白色；花被片等长；先端渐尖或不等的2裂；花丝等长，比花被片短或近等长；子房倒卵形。花果期8—9月。横石塘管理站石门台有分布。

*韭 石蒜科 葱属

■ *Allium tuberosum* Rottl. ex Spreng.

草本。叶条形，扁平，实心，比花葶短，边缘平滑。花葶圆柱状，下部被叶鞘；总苞单侧开裂，或2～3裂，宿存；伞形花序半球状或近球状，具多花；花白色；子房倒圆锥状球形，具3圆棱。花果期7—9月。原产于亚洲东南部；前进、锦潭、横石塘、云岭、沙口管理站均有栽培。叶、花葶和花可作蔬菜食用；种子可入药。

忽地笑 石蒜科 石蒜属

■ *Lycoris aurea* (L'Her.) Herb.

草本。秋季出叶，叶剑形，顶端渐尖。花序总苞片2枚；伞形花序有花4～8朵；花黄色；雄蕊略伸出于花被外，花丝黄色；花柱上部玫瑰红色。蒴果具3棱，室背开裂。花期8—9月，果期10月。锦潭管理站八宝有分布。鳞茎可入药，治小儿麻痹后遗症。

*韭莲 石蒜科 葱莲属

■ *Zephyranthes grandiflora* Lindl.

别名风雨花。多年生草本。基生叶常数枚簇生，线形，扁平。花单生于花茎顶端，下有佛焰苞状总苞，总苞片常带淡紫红色；花玫瑰红色或粉红色；花被裂片6；雄蕊6枚，长约为花被的2/3～4/5，花药丁字形着生；子房下位，3室，花柱细长，柱头深3裂。蒴果近球形；种子黑色。花果期夏秋两季。原产于南美洲；前进、锦潭、横石塘、云岭、沙口管理站均有栽培。

310. 百部科 Stemonaceae

大百部 百部科 百部属

■ *Stemona tuberosa* Lour.

别名对叶百部、九重根、山百部根、大春根药。叶对生或轮生，卵状披针形等，顶端渐尖至短尖，基部心形，纸质或薄革质。花单生或2～3朵排成总状花序；花被片黄绿色带紫色脉纹；雄蕊紫红色；子房小，卵形，花柱近无。蒴果光滑。花期4月，果期7—8月。前进、锦潭管理站乌田、八宝有分布。根可入药，外用杀虫止痒、灭虱，内服润肺止咳、祛痰。

311. 薯蓣科 Dioscoreaceae

黄独 薯蓣科 薯蓣属

■ *Dioscorea bulbifera* L.

别名黄药、山慈姑、零余子薯蓣、零余薯、黄药子。缠绕草质藤本。茎左旋。叶腋内球形或卵圆形珠芽。单叶互生；叶片宽卵状心形，顶端尾状渐尖，边全缘。雄花序穗状，下垂，数个丛生于叶腋；雄花单生，密集；花被片披针形；雄蕊6枚；雌花序与雄花序相似，常2个至数个丛生于叶腋；退化雄蕊6枚。蒴果反折下垂，三棱状长圆形，熟时草黄色。花期10月，果期10—11月。锦潭管理站长江有分布。块茎可入药，治甲状腺肿大、淋巴结核等。

薯莨 薯蓣科 薯蓣属

■ *Dioscorea cirrhosa* Lour.

粗壮藤本。茎右旋，下部有刺。单叶，在茎下部互生，中部以上对生；叶革质或近革质，长椭圆状卵形，顶端渐尖或骤尖，基部圆形，全缘。花雌雄异株；雄花序为穗状花序，常排列成圆锥花序，有时穗状花序腋生；雄花的外雄蕊6枚；雌花序为穗状花序，单生于叶腋。蒴果不反折，近三棱状扁圆形。花期4—6月，果期7月至翌年1月仍不脱落。锦潭管理站长江有分布。块茎可提制栲胶，酿酒原料；可入药，有活血、补血、收敛固涩等功效。

日本薯蓣 薯蓣科 薯蓣属

■ *Dioscorea japonica* Thunb.

别名山蝴蝶、千斤拔、野白姑、土淮山等。缠绕草质藤本。茎右旋。单叶，在茎下部互生，中部以上对生；叶纸质，变异大，三角状披针形等，下部为宽卵心形，顶端长渐尖至锐尖，基部心形，全缘；叶腋内有珠芽。花雌雄异株；雄花序为穗状花序，2个至数个或单个着生于叶腋；雄花雄蕊6枚；雌花序为穗状花序，1～3个生于叶腋；雌花6个退化雄蕊与花被片对生。蒴果不反折，三棱状扁圆形。花期5—10月，果期7—11月。锦潭管理站长江有分布。

褐苞薯蓣 薯蓣科 薯蓣属

■ *Dioscorea persimilis* Prain et Burkill

缠绕草质藤本。茎右旋，常有棱4～8条。单叶，茎下部互生，中部以上对生；叶纸质，卵形等，顶端渐尖，基部宽心形等，全缘。叶腋内有珠芽。花雌雄异株；雄花序为穗状花序，2～4个簇生或单生于花序轴上排列成圆锥花序；花序轴明显呈“之”字状曲折；雄花雄蕊6枚；雌花序为穗状花序，1～2个生于叶腋；雌花退化雄蕊小。蒴果不反折，三棱状扁圆形。花期7月至翌年1月，果期9月至翌年1月。云岭管理站水头有分布。

314. 棕榈科 Palmae

棕榈 棕榈科 棕榈属

■ *Trachycarpus fortunei* (Hook.) H. Wendl.

乔木状。叶呈3/4圆形或者近圆形；叶柄两侧具细圆齿。花序粗壮，多次分枝，从叶腋抽出，常雌雄异株；雄花序具2～3个分枝花序；雄花无梗，每2～3朵密集着生于小穗轴上；雌花序上有3个佛焰苞包着，具4～5个圆锥状的分枝花序；雌花常2～3朵聚生。果实阔肾形，有脐，熟时由黄色变淡蓝色，有白粉。花期4月，果期12月。前进、锦潭、横石塘、云岭、沙口管理站均有分布。叶鞘纤维可作绳索等；嫩叶经漂白可制扇；未开放的花苞可食；棕皮及叶柄（棕板）煅炭入药可止血；果实、叶、花、根亦可入药；庭园绿化。

318. 仙茅科 Hypoxidaceae

小金梅草 仙茅科 小金梅草属

Hypoxis aurea Lour.

多年生矮小草本。叶基生，4～12枚，狭线形，顶端长尖，基部膜质。花茎纤细；花序有花1～2朵；苞片小，2枚，刚毛状；花黄色；无花被管，花被片6枚，长圆形，宿存，有褐色疏长毛；雄蕊6枚，生于花被片基部，花丝短；子房下位，3室，花柱短，柱头3裂，直立。蒴果棒状，熟时3瓣开裂。花期7—8月，果期9—10月。前进、锦潭管理站前进、乌田、长江有分布。有毒植物。

323. 水玉簪科 Burmanniaceae

水玉簪 水玉簪科 水玉簪属

■ *Burmannia disticha* L.

别名苍山贝母。一年生稍粗壮草本。基生叶多数，莲座式排列；茎生叶少数，愈上愈小，紧贴茎上。花序常二歧蝎尾状聚伞花序；花被裂片微黄色；花药隔顶部有2个锐尖的鸡冠状凸起，基部有1个长圆形的距；子房椭圆形或倒卵形，基部楔尖；柱头3个。翅椭圆形。蒴果倒卵形，不规则开裂。花果期夏季。前进、锦潭管理站前进、联山有分布。

326. 兰科 Orchidaceae

佛岗拟兰 兰科 拟兰属

Apostasia fogangica Y. Y. Yin, P. S. Zhong et Z. J. Liu

陆生草本，有时灌木状。叶狭卵状披针形，具丝状先端，基部收缩成叶柄。圆锥花序生于茎或分枝顶端，具12～15朵花；花黄色，全开；萼片3枚，中部具龙骨状凸起，在先端拉长成顶端；花瓣3枚，类似萼片；雄蕊3枚；与花柱融合形成柱状；可育雄蕊2枚；雄蕊短于花柱，先端与花柱上部完全分开；花柱狭长；柱头1个，上有穴。果实浆果状，长圆柱形，具3条脊。花期5—6月，果期6月至翌年2月。锦潭管理站鲤鱼、联山有分布。

芳香石豆兰 兰科 石豆兰属

■ *Bulbophyllum ambrosia* (Hance) Schltr.

草本。假鳞茎顶生1枚叶。叶革质，长圆形，先端钝，基部收窄为柄。花葶出自假鳞茎基部，1～3个，顶生1朵花；花序柄基部具2～4枚紧抱于花序柄的干膜质鞘；花多少点垂，淡黄色带紫色；唇瓣近卵形，中部以下对折，基部具凹槽，与蕊柱足末端连接而形成活动关节，中部两侧扩展；蕊柱粗短，蕊柱齿不明显。花期3月。云岭管理站水头有分布。

梳帽卷瓣兰 兰科 石豆兰属

■ *Bulbophyllum andersonii* (Hook. f.) J. J. Smith

草本。假鳞茎卵状圆锥形或狭卵形，顶生1枚叶。叶革质，长圆形，先端钝，基部具柄。花葶黄绿色带紫红色条斑，伞形花序具数朵花；花浅白色密布紫红色斑点；唇瓣肉质，茄紫色，基部具凹槽并与蕊柱足末端连接而形成活动关节，唇盘中央具1条白色纵条带；蕊柱黄绿色，很短，蕊柱翅在蕊柱中部稍向前扩展；蕊柱足白色带紫红色斑点；蕊柱齿三角形，先端急尖；药帽黄色，先端边缘篦齿状。花期8月，果期9—10月。锦潭管理站八宝有分布。

细花虾脊兰 兰科 虾脊兰属

■ *Calanthe mannii* Hook. f.

草本。假鳞茎粗短，具2~3枚鞘和3~5枚叶。叶在花期尚未展开，折扇状，倒披针形或有时长圆形，先端急尖，基部近无柄或渐狭为柄，背面被短毛。花葶从假茎上端的叶间抽出；总状花序疏生或密生10余朵小花；萼片和花瓣暗褐色；唇瓣金黄色，比花瓣短，基部合生在整个蕊柱翅上，3裂；蕊柱白色；蕊喙小，2裂。花期3月，果期4—6月。前进管理站乌田有分布。

中华叉柱兰 兰科 叉柱兰属

■ *Cheirostylis chinensis* Rolfe

别名中国指柱兰、指柱兰、台湾指柱兰。草本。茎圆柱形，具2~4枚叶。叶卵形至阔卵形，绿色，膜质，先端急尖，基部近圆形，骤狭成柄；叶柄下部扩大成抱茎的鞘。总状花序具2~5朵花；萼片膜质；唇瓣白色，囊状，裂片边缘具4~5枚不整齐的齿；蕊柱短，蕊柱的2枚臂状附属物直立，与蕊喙的2裂片近等长；柱头2个。花期2—3月，果期3—4月。前进、锦潭管理站乌田、八宝有分布。

云南叉柱兰 兰科 叉柱兰属

■ *Cheirostylis yunnanensis* Rolfe

草本。茎圆柱形，基部具2～3枚叶。叶卵形，膜质，先端急尖，基部近圆形，骤狭成柄。花茎顶生，被毛，具3～4枚鞘状苞片；总状花序具2～5朵花；子房圆柱状纺锤形，被毛，具花梗；花小；萼片膜质；唇瓣白色，直立，囊状，2裂，裂片边缘具5～7枚不整齐的齿；蕊柱短；柱头2个。花期4月，果期4—6月。锦潭管理站八宝有分布。

流苏贝母兰 兰科 贝母兰属

■ *Coelogyne fimbriata* Lindl.

草本。假鳞茎顶端生2枚叶。叶长圆形，纸质，先端急尖。花葶从已长成的假鳞茎顶端发出；总状花序通常具1～2朵花；花淡黄色或近白色，仅唇瓣上有红色斑纹；蕊柱稍向前倾，两侧具翅，翅自基部向上渐宽。蒴果倒卵形。花期8—10月，果期翌年4—8月。锦潭、横石塘管理站长江、联山、石门台有分布。

兔耳兰 兰科 兰属

■ *Cymbidium lancifolium* Hook.

半附生草本。假鳞茎顶端聚生2～4枚叶。叶倒披针状长圆形，先端渐尖，上部边缘有细齿，基部收狭为柄。花葶从假鳞茎下部侧面节上发出；花序具2～6朵花；花白色至淡绿色，唇瓣上有紫栗色斑。蒴果狭椭圆形。花期5—8月，果期10—12月。锦潭管理站联山有分布。

钩状石斛 兰科 石斛属

■ *Dendrobium aduncum* Lindl.

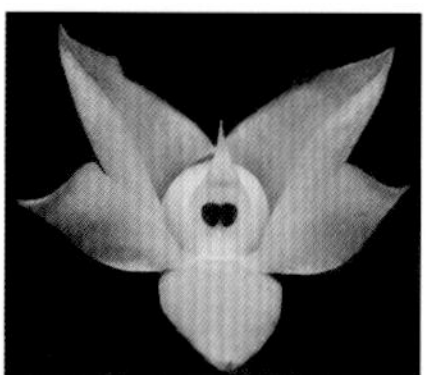

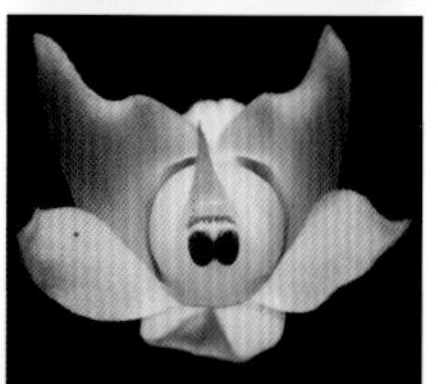

草本。叶长圆形，先端急尖且钩转。总状花序常数个，出自落了叶或具叶的老茎上部，疏生1～6朵花；花开展，唇瓣白色，朝上，凹陷呈舟状；蕊柱白色，顶端两侧具耳状的蕊柱齿，正面密布紫色长毛；蕊柱足长而宽，向前弯曲，末端与唇瓣相连接处具1个关节；药帽深紫色，近半球形。花期5—6月。锦潭、横石塘管理站联山、石门台有分布。

美花石斛 兰科 石斛属

■ *Dendrobium loddigesii* Rolfe

别名粉花石斛。草本。叶纸质，二列，舌形，长圆状披针形。花白色或紫红色，每束1～2朵侧生于具叶的老茎上部；唇瓣近圆形，上面中央金黄色，周边淡紫红色，边缘具短流苏；蕊柱白色，正面两侧具红色条纹；药帽白色，近圆锥形，密布细乳突状毛。花期4—5月。锦潭管理站八宝有分布。

球花石斛 兰科 石斛属

■ *Dendrobium thyrsiflorum* Rchb. f.

草本。叶3～4枚互生于茎的上端，革质，长圆形，先端急尖。总状花序侧生于带有叶的老茎上端，密生许多花；花开展，唇瓣金黄色，半圆状三角形，基部具爪，上面密布短绒毛，背面疏被短绒毛；爪的前方具1枚倒向的舌状物；蕊柱白色；蕊柱足淡黄色；药帽白色。花期4—5月。锦潭管理站联山有分布。

广东石斛 兰科 石斛属

■ *Dendrobium wilsonii* Rolfe

草本。叶革质，二列，互生于茎上部，狭长圆形，基部具抱茎的鞘。总状花序1～4个，从落了叶的老茎上部发出，具1～2朵花；花大，乳白色，有时带淡红色，开展；唇瓣卵状披针形，3裂或不明显3裂，基部楔形，其中央具1个胼胝体；唇盘中央具1个黄绿色的斑块，密布短毛；蕊柱足内面常具淡紫色斑点。花期5月。锦潭管理站联山有分布。

蛇舌兰 兰科 蛇舌兰属

■ *Diploprora championii* (Lindl.) Hook. f.

别名倒吊兰、黄吊兰。草本。叶纸质，镰刀状披针形，先端锐尖且具不等大的2～3个尖齿。总状花序与叶对生，比叶长或短，下垂，具2～5朵花；唇瓣白色带玫瑰色，中部以下凹陷呈舟形，无距，稍3裂；中裂片较长，向先端骤然收狭并且叉状2裂，其裂片尾状，上面中央具1条肥厚的脊突。蒴果圆柱形。花期3—4月，果期5—12月。锦潭、横石塘管理站联山、石门台有分布。

半柱毛兰 兰科 毛兰属

■ *Eria corneri* Rchb. f.

别名黄绒兰、干氏毛兰。草本。假鳞茎顶端具2～3枚叶。叶椭圆状披针形，先端渐尖，基部收狭成柄。花序1个，从假鳞茎近顶端叶的外侧发出；花序具10余朵花，有时可多达60余朵花；花白色或略带黄色；唇瓣轮廓为卵形，3裂；蕊柱半圆柱形；药帽干时褐色；花粉团黄色。蒴果倒卵状圆柱形。花期8—9月，果期10—12月，翌年3—4月蒴果开裂。前进、锦潭管理站前进、联山有分布。

钳唇兰 兰科 钳唇兰属

■ *Erythrodes blumei* (Lindl.) Schltr.

别名小唇兰、台湾小蝇兰、小蝇兰、小唇兰、阔叶细笔兰。草本。茎圆柱形，下部具3～6枚叶。叶卵形等，先端急尖，基部宽楔形或钝圆。总状花序顶生，具多数密生的花；唇瓣基部具距，前部3裂，白色，先端近急尖；蕊柱粗短，直立，前面无附属物；蕊喙直立，叉状2裂。花期4—5月，果期5—6月。锦潭管理站鲤鱼有分布。

无叶美冠兰 兰科 美冠兰属

■ *Eulophia zollingeri* (Rchb. f.) J. J. Smith

腐生草本。花葶粗壮，褐红色，自下至上有多枚鞘；总状花序直立，疏生数朵至10余朵花；唇瓣生蕊柱足上，3裂；唇盘上其他部分亦疏生乳突状腺毛，中央有2条近半圆形的褶片。花期6月，果期8月。沙口管理站江溪有分布。

多叶斑叶兰 兰科 斑叶兰属

■ *Goodyera foliosa* (Lindl.) Benth.

别名高岭斑叶兰、厚唇斑叶兰。草本。茎直立，具4～6枚叶。叶卵形至长圆形，先端急尖，基部楔形或圆形。总状花序具几朵至多朵密生而常偏向一侧的花；唇瓣基部凹陷呈囊状，囊半球形，前部舌状，背面有时具红褐色斑块；蕊喙直立，叉状2裂；柱头1个，位于蕊喙之下。花果期7—9月。横石塘管理站石门台有分布。

高斑叶兰 兰科 斑叶兰属

■ *Goodyera procera* (Ker-Gawl.) Hook.

别名穗花斑叶兰、斑叶兰。草本。茎具6～8枚叶。叶长圆形等，先端渐尖，基部渐狭，具柄。总状花序具多数密生的小花，似穗状，花序轴被毛；花小，白色带淡绿，芳香，不偏向一侧；唇瓣宽卵形，厚，基部凹陷，囊状；蕊柱短而宽；蕊喙直立，2裂；柱头1个，横椭圆形。花果期4—5月。前进、锦潭、横石塘、云岭、沙口管理站均有分布。全草可入药。

斑叶兰 兰科 斑叶兰属

■ *Goodyera schlechtendaliana* Rchb. f.

别名大斑叶兰、白花斑叶兰、大武山斑叶兰、偏花斑叶兰。草本。茎具4～6枚叶。叶卵形等，上面绿色，具白色不规则的点状斑纹，先端急尖，基部近圆形或宽楔形。总状花序具几朵至20余朵疏生近偏向一侧的花；唇瓣卵形，基部凹陷呈囊状，前部舌状；蕊柱短；花药卵形；蕊喙直立，叉状2裂；柱头1个，位于蕊喙之下。花果期8—10月。锦潭管理站八宝、联山有分布。全草可入药。

绒叶斑叶兰 兰科 斑叶兰属

■ *Goodyera velutina* Maxim.

别名鸟嘴莲、白肋斑叶兰。草本。茎具3～5枚叶。叶卵形至椭圆形，先端急尖，基部圆形，上面天鹅绒状，沿中肋具1条白色带，背面紫红色。总状花序具6～15朵偏向一侧的花；唇瓣基部凹陷呈囊状，内面有腺毛，前部舌状，舟形；花药卵状心形；蕊喙直立，叉状2裂。花期9月，果期10月。锦潭管理站联山有分布。

鹅毛玉凤花 兰科 玉凤花属

■ *Habenaria dentata* (Sw.) Schltr.

别名白凤兰、齿玉凤兰。草本。茎具3～5枚疏生的叶。叶长圆形等，先端急尖或渐尖，基部抱茎。总状花序常具多朵花；花白色，较大；唇瓣宽倒卵形，3裂；柱头2个，隆起呈长圆形，向前伸展，并行。花期9月，果期10—11月。前进管理站前进有分布。块茎可入药，利尿消肿、壮腰补肾。

线瓣玉凤花 兰科 玉凤花属

■ *Habenaria fordii* Rolfe

草本。茎基部具4～5枚叶。叶长圆状披针形等，先端急尖，基部收狭抱茎。总状花序具数朵花；花白色，较大；唇瓣狭，下部3深裂；距伸长，细圆筒状棒形；蕊柱短；花药的药室叉开，下部延伸成长管；柱头2个，隆起。花期7月，果期8—9月。锦潭、云岭管理站八宝、水头有分布。

全唇盂兰 兰科 盂兰属

■ *Lecanorchis bihuensis* T. P. Lin et S. H. Wu

草本。茎直立，常分枝，无绿叶，具数枚鞘。总状花序顶生，具数朵花，花淡紫色；花被下方的浅杯状物（副萼）很小。花期8月，果期9—11月。锦潭管理站鲤鱼有分布。

广东羊耳蒜 兰科 羊耳蒜属

■ *Liparis kwangtungensis* Schltr.

附生草本。假鳞茎顶端具1枚叶。叶近椭圆形，纸质，先端渐尖，基部收狭成明显的柄，有关节。总状花序具数朵花；花绿黄色，很小；唇瓣倒卵状长圆形，先端近截形并具不规则细齿，中央有短尖，基部具1个胼胝体；蕊柱稍向前弯曲，上部具翅；翅近披针状三角形，多少下弯而略呈钩状。蒴果倒卵形。花期9月，果期10—12月。锦潭管理站联山有分布。

心叶球柄兰 兰科 球柄兰属

■ *Mischobulbum cordifolium* (Hook. f.) Schltr.

别名葵兰。假鳞茎似叶柄状，顶生1枚叶。叶肉质，上面灰绿色带深绿色斑块，背面具灰白色条带，卵状心形，先端急尖，基部心形，具3条弧形脉。总状花序具3～5朵花；花大，唇瓣近卵形，稍3裂；蕊柱具紫红色斑点，基部具蕊柱足；蕊柱翅宽阔，向下延伸到蕊柱足基部。花期6月，果期7—11月。锦潭管理站联山有分布。

羽唇兰 兰科 羽唇兰属

■ *Ornithochilus difformis* (Lindl.) Schltr.

草本。叶数枚，常不等侧倒卵形，先端急尖而钩转，基部楔状收窄。花序侧生于茎的基部和从叶腋中发出，常2～3个，疏生许多花；花开展，黄色带紫褐色条纹；唇瓣褐色，较大，3裂，基部具短爪；唇盘中央具肉质脊突；距向前弯；蕊柱紫褐色，前面两侧具毛；蕊喙大，2裂，钳状，先端内弯。花期6月，果期7—9月。前进管理站前进有分布。

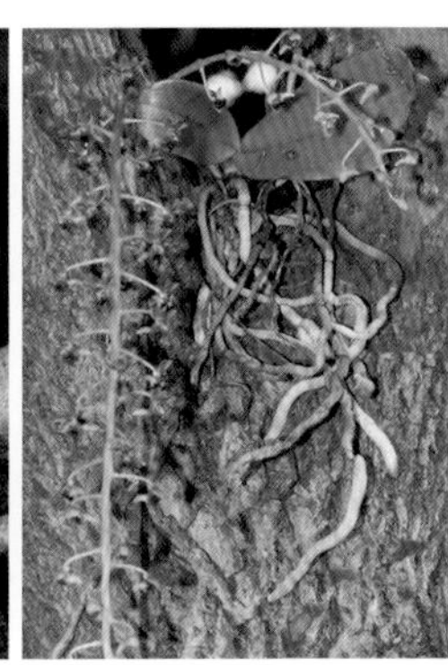

黄花鹤顶兰 兰科 鹤顶兰属

■ *Phaius flavus* (Bl.) Lindl.

别名斑叶鹤顶兰、黄鹤兰。草本。叶4～6枚，紧密互生于假鳞茎上部，长椭圆形等，先端渐尖或急尖，基部收狭为长柄。总状花序具数朵至20朵花；花柠檬黄色，上举，不甚张开，干后变靛蓝色；唇瓣贴生于蕊柱基部，与蕊柱分离，前端3裂；唇盘具3～4条多少隆起的脊突；蕊柱白色，正面两侧密被白色长绒毛；蕊喙肉质；药帽白色。花期4月，果期6—8月。横石塘管理站石门台有分布。

细叶石仙桃 兰科 石仙桃属

■ *Pholidota cantonensis* Rolfe.

草本。假鳞茎顶端生2枚叶。叶线形等，纸质，先端短渐尖，边缘常多少外卷，基部收狭成柄。总状花序常具10余朵花；花小，白色或淡黄色唇瓣宽椭圆形，整个凹陷而呈舟状，先端近截形或钝，唇盘上无附属物；蕊柱粗短，顶端两侧有翅；蕊喙小。蒴果倒卵形。花期2月，果期3—5月。前进管理站乌田有分布。

小舌唇兰 兰科 舌唇兰属

■ *Platanthera minor* (Miq.) Rchb. f.

别名小长距兰、卵唇粉蝶兰、高山粉蝶兰。草本。茎下部具1～2枚较大的叶，上部具2～5枚叶。叶互生，最下面1枚最大，椭圆形等，先端急尖或圆钝，基部鞘状抱茎。总状花序具多数疏生的花；花黄绿色；唇瓣舌状，肉质，下垂，先端钝；蕊柱短；退化雄蕊显著；蕊喙矮而宽；柱头1个，位于蕊喙之下。花期5月，果期6—7月。前进、锦潭管理站前进、联山有分布。

苞舌兰 兰科 苞舌兰属

■ *Spathoglottis pubescens* Lindl.

草本。假鳞茎扁球形，顶生1～3枚叶。叶带状等，先端渐尖，基部收窄为细柄。总状花序疏生2～8朵花；花黄色；唇瓣约等长于花瓣，3裂；唇盘上具3条纵向的龙骨脊，中央1条隆起而成肉质的褶片；蕊喙近圆形。花期7—8月，果期8—9月。前进管理站乌田有分布。

绶草 兰科 绶草属

■ *Spiranthes sinensis* (Pers.) Ames

草本。茎近基部生2～5枚叶。叶宽线形等，先端急尖或渐尖，基部收狭具柄状抱茎的鞘。总状花序具多数密生的花，呈螺旋状扭转；花小，紫红色等，在花序轴上呈螺旋状排生；唇瓣宽长圆形，凹陷，先端极钝，基部凹陷呈浅囊状，囊内具2枚胼胝体。花期3—4月，果期4—5月。前进管理站乌田有分布。全草可入药。

琴唇万代兰 兰科 万代兰属

■ *Vanda concolor* Bl.

草本。茎具多数二列的叶。叶革质，带状，中部以下常“V”形对折，先端具2～3个不等长的尖齿状缺刻，基部具宿存而抱茎的鞘。花序1～3个，不分枝，常疏生4朵以上花。花中等大，具香气；唇瓣3裂；侧裂片白色，内面具许多紫色斑点；中裂片中部以上黄褐色，距白色；蕊柱白色；药帽黄色。花期4—5月，果期8—12月。锦潭管理站八宝有分布。

白肋线柱兰 兰科 线柱兰属

■ *Zeuxine goodyeroides* Lindl.

草本。茎具4～6枚叶。叶卵形或长圆状卵形，先端急尖，基部钝，上面绿色，沿中肋具1条白色的条纹。总状花序具几朵至10余朵较密集的花；花较小，白色或粉红色；唇瓣白色，舟状，基部扩大成囊，囊内中央具1条浅的纵脊。花期9—10月，果期10—12月。前进、锦潭、横石塘、云岭、沙口管理站联山有分布。

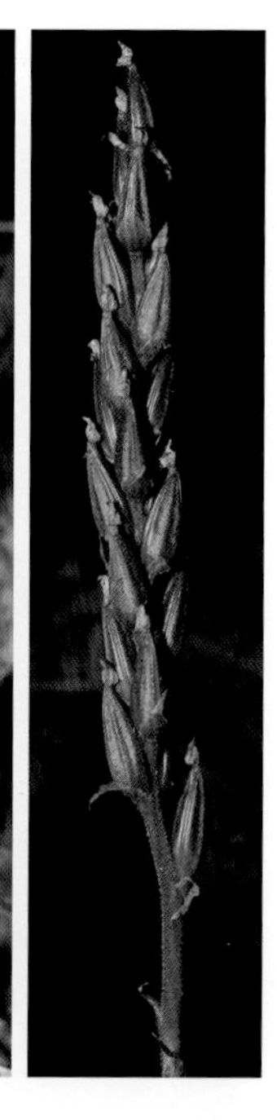

331. 莎草科 Cyperaceae

青绿苔草 莎草科 苔草属

■ *Carex breviculmis* R. Br.

草本。秆丛生，三棱形。叶短于秆，平张，边缘粗糙，质硬。小穗2～5个，上部的接近，下部的远离，顶生小穗雄性，长圆形，近无柄，紧靠近其下面的雌小穗；侧生小穗雌性，长圆形或长圆状卵形，少有圆柱形，具稍密生的花，无柄或最下部的具短柄。小坚果紧包于果囊中，卵形，顶端缢缩成环盘；花柱基部膨大成圆锥状，柱头3个。花果期3—6月。前进、锦潭、横石塘、云岭、沙口管理站均有分布。

中华薹草 莎草科 薹草属

■ *Carex chinensis* Retz.

草本。秆丛生，钝三棱形。叶长于秆，边缘粗糙，淡绿色，革质。苞片短叶状。小穗4～5个，远离，顶生1个雄性，窄圆柱形；侧生小穗雌性，顶端和基部常具几朵雄花，花稍密；小穗柄直立，纤细；雄花鳞片倒披针形；雌花鳞片长圆状披针形，淡白色，背面3脉绿色。小坚果紧包于果囊中，菱形，三棱形；花柱基部膨大，柱头3个。花果期4—6月。前进、锦潭、横石塘、云岭、沙口管理站均有分布。

花葶薹草 莎草科 薹草属

■ *Carex scaposa* C. B. Clarke

草本。秆侧生，三棱形。叶基生和秆生；基生叶数枚丛生，狭椭圆形等，基部渐狭，顶端渐尖；秆生叶退化呈佛焰苞状，生于秆的下部或中部以下，褐色，纸质，无毛。圆锥花序复出，具3至数个支花序；小穗10余个至20余个，全部从囊状、内无花的枝先出叶中生出。小坚果椭圆形，三棱形，熟时褐色，柱头3个。花果期5—11月。前进、锦潭、横石塘、云岭、沙口管理站均有分布。

芒尖鳞苔草 莎草科 苔草属

■ *Carex tenebrosa* Boott

草本。秆三棱形。叶长于秆，平张，基部对折，向上渐狭，边缘粗糙，反卷，棕绿色，革质。小穗3～4个，顶生1个雄性；侧生小穗2～3个为雄雌顺序；雌花鳞片长圆形，顶端微凹，褐色，具带刺的长芒。果囊长于鳞片，菱形，喙口具2个长齿；小坚果紧包于果囊中，菱形，三棱形，中部缢缩，下部棱面凹陷，上部收缩成长喙，喙圆柱形，顶端稍膨大；花柱基部稍粗，柱头3个，较长。花果期8—11月。前进、锦潭管理站前进、八宝有分布。

三念苔草 莎草科 苔草属

■ *Carex tsiangii* Wang et Tang

别名三念草。秆丛生，侧生，三棱形。叶基生和秆生；基生叶长于秆，数枚1束；叶片禾叶状，平张，两面光滑，边缘全缘或粗糙；秆生叶退化呈佛焰苞状。圆锥花序复出，具3～6个支花序；小穗斜展至横展，两性，雄雌顺序。小坚果椭圆形或宽椭圆形，三棱形，花柱基部增粗，柱头3个。花果期4—6月。前进、锦潭、横石塘、云岭、沙口管理站均有分布。

扁鞘飘拂草 莎草科 飘拂草属

■ *Fimbristylis complanata* (Retz.) Link

草本。秆丛生，扁三棱形或四棱形，基部有多数叶。叶短于秆，平张，厚纸质，上部边缘具细齿，顶端急尖；鞘两侧扁，背部具龙骨状凸起，前面锈色，膜质，鞘口斜裂，具缘毛，叶舌很短，具缘毛。长侧枝聚伞花序大，多次复出，具3～4个辐射枝，有许多小穗；小穗单生，有5～13朵花；雄蕊3枚；柱头3个。小坚果倒卵形或宽倒卵形，钝三棱形，白色或黄白色。花果期7—10月。前进、锦潭、横石塘、云岭、沙口管理站均有分布。

知风飘拂草 莎草科 飘拂草属

■ *Fimbristylis eragrostis* (Nees) Hance

草本。无根状茎。秆丛生，基部有少数根生叶。叶多少弯曲，略似镰刀状，顶部急尖，并带有细尖，边缘粗糙。长侧枝聚伞花序复出，有2个至多数辐射枝，小穗单生于辐射枝顶端，有多数小花；雄蕊3枚；子房白色；柱头3个。小坚果宽倒卵形，三棱形，白色或稍带棕色，有疣状凸起。花果期6—9月。前进、锦潭、横石塘、云岭、沙口管理站均有分布。

散穗黑莎草　莎草科 莎草属

■ *Gahnia baniensis* Benl.

多年生粗壮草本。茎圆柱形。秆粗壮，圆柱状，坚实，空心，有节；全部具叶。小穗有花1～2朵，仅上部1朵结实，常黑色或褐色，簇生于狭圆锥花序上；鳞片数枚，覆瓦状排列于小穗轴周围，下部3～5枚空虚；雄蕊3～6枚，花丝长，柱头3个。坚果苍白色，为延长的花丝所抱持。锦潭管理站长江有分布。花果期6—10月。全株可作小茅屋顶的盖草和墙壁材料；小坚果可榨油。

黑莎草　莎草科 黑莎草属

■ *Gahnia tristis* Nees

别名大头茅草、碱草茅草。草本。秆粗壮，圆柱状，坚实，空心，有节。叶基生和秆生，叶狭长，硬纸质或几革质，边缘及背面具刺状细齿。圆锥花序紧缩成穗状，由7～15个卵形或矩形穗状枝花序所组成，下面的穗状枝花序较长，相距较远；雄蕊3枚，柱头3个。小坚果倒卵状长圆形，三棱形，平滑，具光泽，骨质，熟时黑色。花果期3—12月。前进、锦潭、横石塘、云岭、沙口管理站均有分布。全株可作茅屋顶盖草和墙壁材料；小坚果可榨油。

华刺子莞 莎草科 刺子莞属

■ *Rhynchospora chinensis* Nees et Meyen

草本。秆丛生，直立，纤细，三棱形。叶基生和秆生，狭线形，顶端渐尖，三棱形，边缘粗糙。圆锥花序由顶生和侧生伞房状长侧枝聚伞花序所组成，具多数小穗；小穗通常2～9个簇生成头状；雄蕊3枚；柱头2个。小坚果宽椭圆状倒卵形，双凸状，栗色。花果期5—10月。前进、锦潭、横石塘、云岭、沙口管理站均有分布。

百球藨草 莎草科 藨草属

■ *Scirpus rosthornii* Diels

草本。秆粗壮，坚硬，三棱形、有节，节间长，具秆生叶。叶较坚挺，秆上部的叶高出花序，叶片边缘和下面中肋上粗糙。多次复出长侧枝聚伞花序，大，顶生，具6～7个第1次辐射枝；4～15个小穗聚合成头状着生于辐射枝顶端；柱头2个。小坚果椭圆形或近于圆形，双凸状，黄色。花果期5—9月。前进、锦潭、横石塘、云岭、沙口管理站均有分布。

水毛花 莎草科 藨草属

Scirpus triangulatus Roxb.

草本。秆丛生，锐三棱形，无叶片。小穗5～9个聚集成头状，假侧生，具多数花；鳞片卵形或长圆状卵形；雄蕊3枚，柱头3个。小坚果倒卵形或宽倒卵形，扁三棱形，成熟时呈暗棕色，具光泽，稍有皱纹。花果期5—8月。前进、锦潭、横石塘、云岭、沙口管理站均有分布。

332. 禾本科 Gramineae

龙爪茅 禾本科 龙爪茅属

■ *Dactyloctenium aegyptium* (L.) Beauv.

一年生草本。秆直立或基部横卧地面。叶片扁平，顶端尖或渐尖，两面被疣基毛。穗状花序2～7个指状排列于秆顶；小穗含3朵小花；第1颖沿脊龙骨状凸起上具短硬纤毛，第2颖顶端具短芒；外稃中脉成脊，脊上被短硬毛；有近等长的内稃，其顶端2裂，背部具2脊，背缘有翼，翼缘具细纤毛；鳞被2枚，楔形，折叠，具5脉。囊果球状。花果期5—10月。前进、锦潭、横石塘、云岭、沙口管理站均有分布。

阔叶箬竹 禾本科 箬竹属

■ *Indocalamus latifolius* (Keng) McClure

别名寮竹、箬竹、壳箬竹。木本。箨片直立，线形或狭披针形。叶鞘无毛，先端稀具极小微毛，质厚，坚硬，边缘无纤毛。圆锥花序基部为叶鞘所包裹，花序分枝上升或直立；小穗常带紫色，含5～9朵小花；花药紫色或黄色带紫色；柱头2个，羽毛状。笋期4—5月。前进、锦潭、横石塘、云岭、沙口管理站均有分布。可材用。

野古草 禾本科 野古草属

■ *Arundinella anomala* Steud.

别名硬骨草、白牛公、乌骨草。多年生草本。秆直立，疏丛生。花序开展或略收缩，主轴与分枝具棱，棱上粗糙或具短硬毛；孪生小穗柄无毛；第1颖具3～5脉；第2颖具5脉；第1朵小花雄性，约等长于第2颖，外稃顶端钝，具5脉，花药紫色；第2朵小花外稃上部略粗糙，3～5脉不明显，无芒，有时具芒状小尖头；柱头紫红色。花果期7—10月。前进、锦潭管理站前进、联山有分布。嫩植株牲畜喜食；秆、叶可造纸。

刺芒野古草 禾本科 野古草属

■ *Arundinella setosa* Trin.

多年生草本。秆单生或丛生，质较硬。叶片基部圆形，先端长渐尖，常两面无毛。圆锥花序排列疏展，分枝细长而互生；芒宿存，芒柱黄棕色；花药紫色。颖果褐色，长卵形。花果期8—12月。前进、锦潭、横石塘、云岭、沙口管理站均有分布。秆叶可作纤维原料。

芦竹 禾本科 芦竹属

■ *Arundo donax* L.

多年生草本。秆粗大直立，坚韧，具多数节，常生分枝。叶片扁平，基部白色，抱茎。圆锥花序极大型，分枝稠密，斜升；小穗含2～4朵小花；外稃中脉延伸成短芒，背面中部以下密生长绒毛，两侧上部具短绒毛；内稃长约为外稃的一半；雄蕊3枚。颖果细小黑色。花果期9—12月。前进、锦潭、横石塘、云岭、沙口管理站均有分布。秆制管乐器；茎纤维可造纸、造丝；幼嫩枝叶可作饲料；庭园栽培。

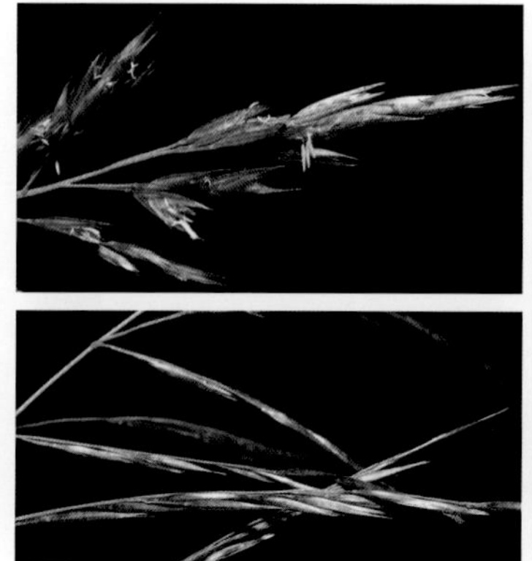

野燕麦 禾本科 燕麦属

■ *Avena fatua* L.

别名乌麦、燕麦草。一年生草本。秆直立，光滑无毛，具2～4节。叶片扁平，微粗糙，或上面和边缘疏生绒毛。圆锥花序开展，金字塔形，分枝具棱角，粗糙；小穗常含2～3朵小花。颖果被淡棕色绒毛，腹面具纵沟。花果期4—9月。前进、锦潭、横石塘、云岭、沙口管理站均有分布。可作粮食代用品，家畜青饲料；可造纸。

细柄草 禾本科 细柄草属

■ *Capillipedium parviflorum* (R. Br.) Stapf.

多年生簇生草本。秆直立或基部稍倾斜。叶片线形，顶端长渐尖，基部收窄，近圆形。圆锥花序长圆形，分枝簇生，可具1～2回小枝。无柄小穗基部具髯毛；有柄小穗中性或雄性，等长或短于无柄小穗，无芒，2颖均背腹扁，第1颖具7脉，背部稍粗糙；第2颖具3脉，较光滑。花果期8—12月。前进、锦潭、横石塘、云岭、沙口管理站均有分布。

散穗弓果黍 禾本科 弓果黍属

■ *Cyrtococcum patens* var. *latifolium* (Honda) Ohwi

一年生草本。叶舌顶端近圆形，无毛；叶片常宽大而薄，线状椭圆形或披针形，两面近无毛，脉间具小横脉，近基部边缘被疣基长纤毛。圆锥花序大而开展，分枝纤细；小穗柄远长于小穗。花果期5—12月。生于山地或丘陵林下。前进、锦潭管理站前进、联山有分布。

野黍 禾本科 野黍属

■ *Eriochloa villosa* (Thunb.) Kunth

别名拉拉草、唤猪草。一年生草本。秆直立。叶片扁平，边缘粗糙。圆锥花序狭长，由4～8个总状花序组成；总状花序密生绒毛；小穗卵状椭圆形；小穗柄极短；鳞被2枚，折叠，具7脉；雄蕊3枚；花柱分离。颖果卵圆形。花果期7—10月。前进、锦潭、横石塘、云岭、沙口管理站均有分布。秆可作饲料；谷粒可食。

白茅 禾本科 白茅属

■ *Imperata cylindrica* (L.) Beauv.

多年生草本。秆直立，具1～3节，节无毛。秆生叶片窄线形，顶端渐尖呈刺状，下部渐窄，或具柄，质硬，被有白粉。圆锥花序稠密；雄蕊2枚；柱头2个，紫黑色，羽状，自小穗顶端伸出。颖果椭圆形。花果期8—12月。前进、锦潭、横石塘、云岭、沙口管理站均有分布。

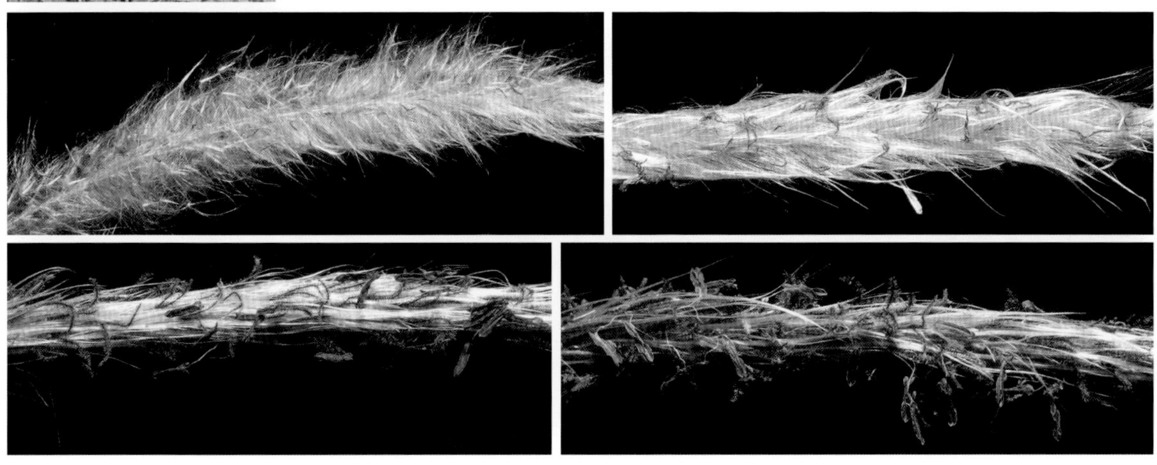

柳叶箬 禾本科 柳叶箬属

■ *Isachne globosa* (Thunb.) Kuntze

多年生草本。秆丛生毛。叶片披针形，顶端短渐尖，基部钝圆或微心形，两面均具微细毛而粗糙，边缘质地增厚，软骨质，全缘或微波状。圆锥花序卵圆形，盛开时抽出鞘外，分枝斜升或开展，每1分枝着生1～3枚小穗；小穗椭圆状球形。颖果近球形。花果期夏秋两季。前进、锦潭、横石塘、云岭、沙口管理站均有分布。

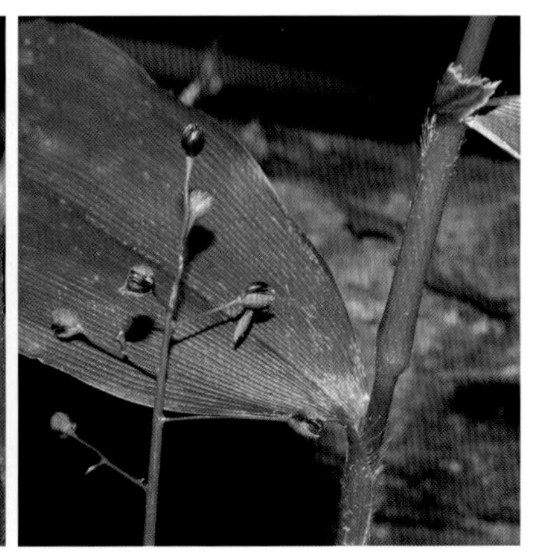

蔓生莠竹 禾本科 莠竹属

■ *Microstegium vagans* (Nees ex Steud.) A. Camus

多年生草本。秆多节。叶顶端丝状渐尖，基部狭窄，不具柄，两面无毛，微粗糙。总状花序3～5个，带紫色；雄蕊3枚，有柄小穗与其无柄小穗相似，但第1颖脊上粗糙而无毛。花果期8—10月。前进、锦潭、横石塘、云岭、沙口管理站均有分布。

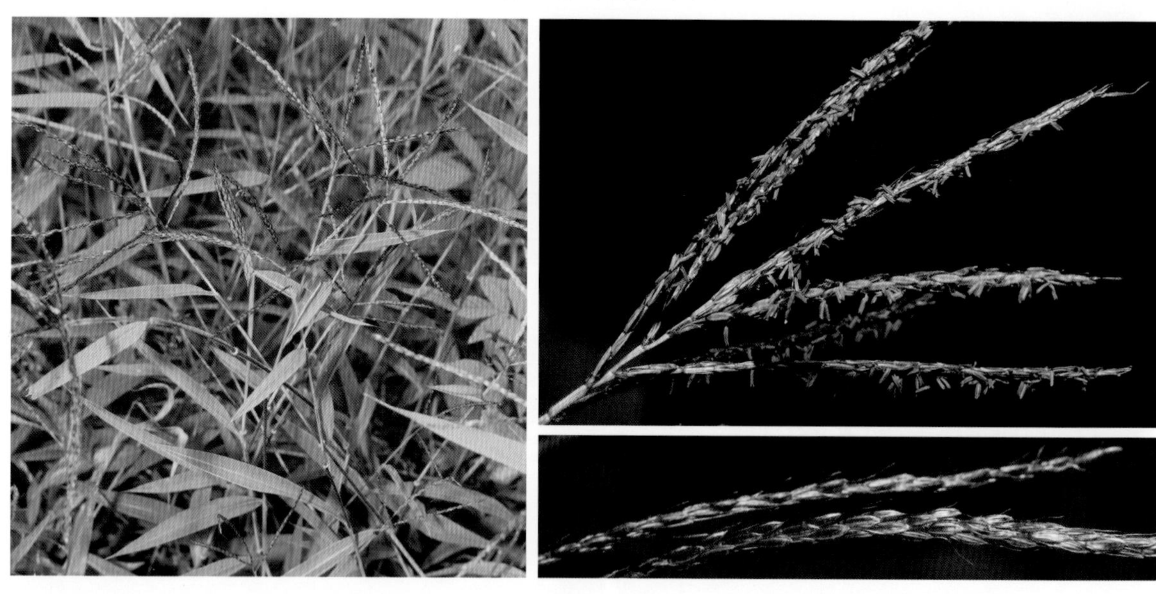

竹叶草 禾本科 求米草属

■ *Oplismenus compositus* (L.) Beauv.

别名多穗缩箬。秆较纤细，基部平卧地面。叶片披针形等，基部多少包茎而不对称，近无毛或边缘疏生纤毛，具横脉。圆锥花序主轴无毛或疏生毛；分枝互生而疏离；鳞片2，薄膜质，折叠；花柱基部分离。花果期9—11月。前进、锦潭、横石塘、云岭、沙口管理站均有分布。

求米草 禾本科 求米草属

■ *Oplismenus undulatifolius* (Arduino) Beauv.

别名缩箬。草本。秆纤细。叶片扁平，披针形等，先端尖，基部略圆形而稍不对称，常具细毛。圆锥花序主轴密被疣基长刺绒毛；鳞被2枚；雄蕊3枚；花柱基分离。花果期7—11月。前进、锦潭、横石塘、云岭、沙口管理站均有分布。

类芦 禾本科 类芦属

■ *Neyraudia reynaudiana* (Kunth) Keng ex Hitchc.

别名假芦。多年生草本。秆直立。叶片扁平或卷折，顶端长渐尖，无毛或上面生绒毛。圆锥花序分枝细长，开展或下垂；小穗含5～8朵小花，第1外稃不孕，无毛；颖片短小；外稃边脉生长绒毛，顶端具向外反曲的短芒；内稃短于外稃。花果期8—12月。前进、锦潭、横石塘、云岭、沙口管理站均有分布。

心叶稷 禾本科 黍属

■ *Panicum notatum* Retz.

多年生草本。秆坚硬，直立或基部倾斜。叶片披针形，顶端渐尖，基部心形，无毛或疏生绒毛，边缘粗糙，近基部常具疣基毛，脉间具横脉，有时主脉偏斜，在下面明显。圆锥花序开展，分枝纤细，下部裸露，上部疏生小穗；小穗椭圆形，具长柄；鳞被具5脉。花果期5—11月。前进、锦潭、横石塘、云岭、沙口管理站均有分布。

金丝草 禾本科 金丝草属

■ *Pogonatherum crinitum* (Thunb.) Kunth

别名金丝茅、黄毛草、牛母草、笔子草。草本。秆丛生。叶片线形，扁平，顶端渐尖，基部为叶鞘顶宽的1/3。穗形总状花序单生于秆顶，细弱而微弯曲，乳黄色；总状花序轴节间与小穗柄均压扁；无柄小穗含1朵两性花，雄蕊1枚；花柱自基部分离为2枚；柱头帚刷状。颖果卵状长圆形。有柄小穗与无柄小穗同形同性，但较小。花果期5—9月。前进、锦潭、横石塘、云岭、沙口管理站均有分布。全草可入药，清凉散热、解毒、利尿通淋；优良牧草。

斑茅　禾本科 斑茅属

■ *Saccharum arundinaceum* Retz.

多年生高大丛生草本。秆粗壮。叶片宽大，线状披针形，顶端长渐尖，基部渐变窄，中脉粗壮，无毛，上面基部生绒毛，边缘锯齿状粗糙。圆锥花序大型，稠密；总状花序轴节间与小穗柄细线形，被长丝状绒毛，顶端稍膨大；柱头紫黑色。颖果长圆形。花果期8—12月。前进、锦潭、横石塘、云岭、沙口管理站均有分布。嫩叶供牛马饲料；秆可编席和造纸。

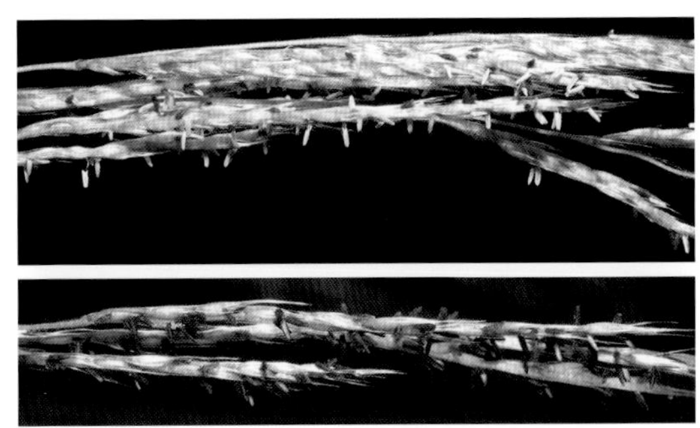

稗荩　禾本科 稗荩属

■ *Sphaerocaryum malaccense* (Trin.) Pilger

一年生草本。叶片卵状心形，基部抱茎，边缘粗糙，疏生硬毛。圆锥花序卵形；秆上部的第1、第2叶鞘内常有隐藏或外露的花序，分枝斜升，小穗柄中部具黄色腺点；小穗含1朵小花；颖透明膜质；雄蕊3枚；花柱2枚，柱头帚状。颖果卵圆形，棕褐色。花果期秋季。前进、锦潭、横石塘、云岭、沙口管理站均有分布。

三毛草 禾本科 三毛草属

■ *Trisetum bifidum* (Thunb.) Ohwi

别名蟹钓草。多年生草本。秆直立或基部膝曲，具2～5节。叶片扁平，常无毛。圆锥花序疏展，分枝纤细，光滑无毛，每节多枚，多上升，稍开展；小穗含2～3朵小花；鳞被2枚，透明膜质，先端齿裂；雄蕊3枚，花药黄色。花果期9—11月。前进、锦潭、横石塘、云岭、沙口管理站均有分布。

中文名索引

J

K

L

M

N

P

Q

R

S

T

Y

Z

拉丁学名索引

A

B

C

D

E

F

G

M

N

O

P

Q

R

S

Y

Z